塔木德中的为人处世智慧

郭 强/著

中华工商联合出版社

图书在版编目（CIP）数据

塔木德中的为人处世智慧 / 郭强著. -- 北京：中华工商联合出版社，2020.2
ISBN 978-7-5158-2695-0

Ⅰ.①塔… Ⅱ.①郭… Ⅲ.①成功心理-通俗读物 Ⅳ.①B848.4-49

中国版本图书馆CIP数据核字（2020）第 009990 号

塔木德中的为人处世智慧

作　　者：	郭　强
出品人：	李　梁
责任编辑：	吕　莺　董　婧
装帧设计：	周　源
责任审读：	李　征
责任印制：	迈致红
出版发行：	中华工商联合出版社有限责任公司
印　　刷：	河北飞鸿印刷有限公司
版　　次：	2020年6月第1版
印　　次：	2020年6月第1次印刷
开　　本：	16开
字　　数：	128千字
印　　张：	17
书　　号：	ISBN 978-7-5158-2695-0
定　　价：	36.80元

服务热线：010-58301130-0（前台）
销售热线：010-58301132（发行部）
　　　　　010-58302977（网络部）
　　　　　010-58302837（馆配部）
　　　　　010-58302813（团购部）
地址邮编：北京市西城区西环广场A座
　　　　　19—20层，100044
http://www.chgslcbs.cn
投稿热线：010-58302907（总编室）
投稿邮箱：1621239583@qq.com

工商联版图书
版权所有　侵权必究

凡本社图书出现印装质量问题，请与印务部联系。
联系电话：010-58302915

目录

第一章
犹太人的思考智慧

思考智慧产生财富 / 002

做事不能被困难所吓倒 / 008

商机无处不在 / 013

创新能出奇迹 / 021

要有非凡的承受力 / 026

低调是做人之本 / 030

合作共赢起于让步 / 033

幸福来自珍惜生命 / 039

第二章

犹太人的做人智慧

✡

信仰的力量促人前行 / 048

超越自我没有限度 / 053

享乐不忘行善 / 058

交友要交真心朋友 / 062

适时沉默胜过雄辩 / 067

打破成见,敢于质疑 / 072

不能失去勇气 / 077

谦谦君子才是真君子 / 083

第三章

犹太人的做事智慧

✡

目标指引前进的方向 / 090

永葆乐观的阳光心态 / 095

目 录

激发自我效能感 / 100

机会是人创造的 / 108

工作是第二生命 / 115

不能苛求自己 / 122

选择利于自己的环境 / 127

第四章

犹太人的交际智慧

礼貌热情对待他人 / 136

谦逊是一生的功课 / 143

多倾听少夸夸其谈 / 147

风趣幽默促良好关系 / 154

赞扬"对路",利人利己 / 159

人脉就是财脉 / 166

诚信踏上成功之途 / 171

取舍有道要牢记 / 177

第五章

犹太人的"借"智慧

✡

众人拾柴火焰高 / 182

选择和优秀的人交往 / 187

"借来"自己的大目标 / 191

寻找好平台，实现自身价值 / 198

借鸡下蛋"以无变有" / 202

第六章

犹太人的包容智慧

✡

自强是发展最重要的事 / 210

信任是和睦的"保单" / 214

对待批评要正确看 / 218

感恩是生活中的大智慧 / 223

谦恭和气能生财 / 228

目录

人品重于商品 / 235

亲人胜过所有财富 / 241

教育要放在首位 / 248

在求知上多投资 / 253

让孩子从小学会理财 / 257

第一章

犹太人的思考智慧

✡ 思考智慧产生财富

《塔木德》中说:"你只要活着,思考智慧就永远跟着你。"

的确,人拥有了思考智慧就等于拥有了一切,世界上除了自然界,几乎都是人凭借智慧所创造出来的。一些犹太人之所以能成为享誉世界的财富大亨,跟他们的思考智慧是分不开的。犹太人的思考才能决定了他们的"钱袋",成就了他们的财富人生。

犹太人认为,世界上任何东西都是有价的,几乎都能用钱得到,唯有思考智慧是无价之宝。拥有思考智慧,就能拥有了财富、地位、甚至权力。犹太人还说,思考智慧可以让人"失而复

第一章 犹太人的思考智慧

得"，即使失去一切，通过思考智慧，靠着努力，可以重新拥有。犹太人相信自己的思考智慧能让自己从一无所有到东山再起。有这么一个故事：

战火烧到了犹太人的居住区，一个女孩哭着寻找她最爱的东西，妈妈看到后，跑到她身边对她说："孩子，你最宝贵的东西一直都在你自己的身上，无须再寻找什么了，就算战争夺走了我们的家园，我们也不用太难过！金银财宝都是身外之物。"

女孩问妈妈自己身上什么最宝贵，妈妈说："最宝贵的东西是思考智慧，因为思考智慧是与生命连在一起的，所以，只要活着就有机会将思考智慧无限地运用，而一个人有了思考智慧，还怕会没有金钱、没有房子、没有家园吗？所以，我们要带走的只有自己思考的智慧！"

犹太人最看重思考产生的智慧，他们认为，没有思考智慧的人不会有大成就，没有思考智慧的商人无法赚到大钱。犹太商人最看不起不动脑子的商人，犹太商人大都学识渊博、头脑灵敏。人们只要与犹太商人在一起，就会发现他们大多健谈，拥有渊博的知识。由于他们拥有渊博的学识和精明的头脑，他们在商场中始终立于不败之地，成为公认的"世界第一商人"。

有3个人要被关进监狱3年，监狱长允许他们每人提一个要求。美国人爱抽雪茄，便要了3箱雪茄；法国人最浪漫，希望能有一个美丽的女子相伴；而犹太人，只要一部与外界沟通的电话。

3年过后，第一个冲出来的是美国人，嘴里鼻孔里塞满了雪茄，大喊道："给我火，给我火！"原来他忘了要打火机了。

接着出来的是法国人。只见他手里抱着一个小孩，美女手里牵着一个小孩，肚子里还怀着一个。

最后出来的是犹太人，他紧紧握住监狱长的手说："这3年来我每天都与外界联系，我的生意不但没有停顿，利润反而增长了200%，为了表示感谢，我送您一辆劳斯莱斯！"

这虽然是一则笑话，但却可以从中看出犹太人的思考智慧。现实生活中，犹太人正是凭借着过人的思考智慧赢得了巨额的财富，这也是他们取得成功的基础。

《塔木德》中说："宁可变卖所有的财产，也要把女儿嫁给学者。为了能让女儿嫁给学者，就是丧失一切也无所谓。"这段话体现了犹太人对知识的尊重，说明他们将知识视作财富，渴望学习知识并把知识变成手中的金钱。这就是犹太人的学习观。

在犹太商人看来，知识和金钱是成正比的，人只有具备广博的知识才能在复杂的生意场上少犯错误多赚钱，这是经商的根本保证，也是商人的基本素质。

犹太人大卫·布朗的父亲经营着一间小型齿轮制造厂，几十年来一直惨淡经营，收入仅够支付全家人的生活费。布朗的父亲知道自己之所以无法经营好工厂，是因为缺少专业的知识储备，所以他把希望全都寄托在布朗身上。

第一章 犹太人的思考智慧

为此,父亲从小严格要求布朗,要求他多读书多思考。每逢假日,父亲就带布朗到自己的齿轮厂去参加劳动,与工人们一样艰苦工作,绝无特殊照顾。布朗在工厂里工作了很长时间,逐渐掌握了很多课本外知识。

长大后的布朗通过观察,发现当时汽车的使用率已经很高,预感汽车大赛或许会成为人们的一种娱乐方式。于是,布朗决定利用自己在齿轮业务上积累的经验,往赛车生产这个目标上去奋斗,大力发展赛车生产。

就这样,布朗克服了重重困难,成立了大卫·布朗公司,不惜重金聘请专家和技术人员进行赛车设计,然后采用先进的技术和设备进行生产。

1948年,比利时举办了国际汽车大赛,布朗公司生产的"马丁"牌赛车一举夺魁,大卫·布朗公司因此一夜成名,订单如雪片般飞来,布朗从此走上了发迹之路。

犹太人热爱财富,但他们更热爱思考智慧。如果你问犹太人什么最重要,答案一定是思考智慧。成功离不开思考智慧,经商离不开思考智慧。犹太人在长期的经商过程中将他们的聪明才智挖掘得纤毫毕现,将内在潜力发挥得淋漓尽致。

有个西班牙商人十分欣赏犹太商人的经商智慧,于是努力向犹太商人学习,同时他也取得了不小的成功——他的女式手提包生意十分红火,在服饰品贸易的经营中站稳了脚跟。

后来，这名西班牙商人发现他熟悉的另一名犹太商人经营的钻石生意更为赚钱，于是他也想改行去做钻石买卖。不过这位西班牙商人看到身边不少西班牙人经营的钻石买卖并不景气，为了避免遭受同样的命运，他就找到世界著名的钻石大王犹太人玛索巴士，向他提出了自己的疑问。

学识渊博的犹太商人玛索巴士听完这名西班牙商人的来意，冷不丁地问了他一句："你知道澳大利亚海域有什么热带鱼吗？"

这名西班牙商人被这个问题弄晕了，心想钻石大王问这个干吗？这和钻石生意有关吗？看到西班牙商人哑口无言的样子，这位钻石大王语重心长地说："做钻石生意需要具备丰富的知识，你对钻石的来源、历史、种类和品质都不了解，怎么去搞经营呢。而要具备有关钻石的基本经验和知识就要不断地学习和积累，这至少需要20年。与钻石相关的常识你也要去了解，这样才可以真正培养出看市场的眼光。"

西班牙商人听后，不禁为自己的才疏学浅而羞愧不已。虽然这位商人早就听闻犹太人经商的眼光和谋略不同凡响，但如今听了玛索巴士的话，从心里更加佩服犹太人，他承认犹太商人的成功与他们继承了几千年来祖先留给的经验，自己思考的智慧极为有关，其能力绝非一日之功可以达到。

这名西班牙商人自知自己没有这个积累，思考智慧也达不到，从事钻石生意估计很难经营好，便很自觉地远离了钻石行业。

可见，若想成为一名成功的商人，除了要让自己成为所在行业的专家以外，还要兼顾其他领域，尽可能多地掌握专业知识和市场行情，这样才能为今后取得更大的成功奠定基础。

虽然世界是多变的，但思考智慧会始终陪伴一个人的一生。人拥有了思考智慧，便相当于拥有了人生最大的财富。善思考的人，会发现生活的"商机"，事业的发展机遇，会利用自己的大脑为自己的人生出谋划策，创造财富。

✡ 做事不能被困难所吓倒

《塔木德》中说:"上帝每制造一个困难,也会同时制造3个解决困难的方法。办法总比困难多,不能被困难所吓倒,凡事都有解决的窍门。"

生活中、事业中,人们会遇到很多困难,这些困难有时会让人们感到无比"头疼",甚至一时找不到合适的解决方法。于是,害怕困难,恐惧困难成为常见的心理。但是,世界上只要有困难,就会有解决的方法。正确的解决方法就是不被困难所吓倒,勇敢面对困难,打破常规,想出解决方法。

第一章 犹太人的思考智慧

有人曾这样高度评价犹太人的聪明才智："3个犹太人坐在一起，就可以决定世界！"历史证明，犹太人不怕困难，善于用智慧去寻找解决困难的"窍门"，从而继续前行。

有一段时间，犹太商人杰恩作为日本凌志汽车在美国南加州的销售代理，遇到了困难，即凌志车在美国遇到了销售难题。人们因为海湾战争和社会稳定问题，拒绝日产汽车，杰恩面临失去工作的危机。

杰恩放弃了销售人员惯用的做法——继续在报纸和广播等媒介上投放大量的广告，等着人们来下订单。杰恩经过思考，在分析了当前存在的问题后，列出了若干条可以解决的方法，最后确定了其中的一个，作为改变传统销售的策略。

杰恩是这样分析的：假设你开过一辆新车，然后再开自己的旧车，你会发现旧车突然之间有了很多让你不满意的地方。或许之前你还可以继续忍受旧车的诸多缺点，但是当你知道了还有更好的车，你会不会决定去买辆新车呢？

杰恩开始落实他的解决方法。杰恩让若干销售员各自开一辆凌志新车到富人们常出没的地方——乡村俱乐部、码头、球场、比佛利山庄和韦斯特莱克的聚会地等，邀请那些富人坐到崭新的凌志车里兜风。

销售员们按照杰恩的计划实施后，很多富人有了新车的美妙体验以后，再坐到自己旧车里的时候，果然产生了想买新车的想法，不久，很多人陆陆续续来购买或租用新的凌志车，杰恩的生意恢复了正常。

杰恩的体验新车方法与过去在报纸和杂志上做广告的方法相比，其效果是立竿见影的。因为在报纸和杂志上做广告，消费者无法形成对车直观的认识，对车的优缺点比较也没有切身体会；而杰恩的体验销售正是抓住了解决问题的关键，给消费者一个亲身经历的机会，让他们亲身体验新车的优势，这样自然达到了推销更好的广告效应。

由此可见，无论做什么事情，只有抓住解决问题的关键，善于打破常规思维，才能找到好方法，获得更大的成功。

犹太商人在遇见困难或问题时，不采取轻易放弃的方式，他们总会运用自身的智慧，思考出一些"窍门"，从而巧妙地找出方法。有这样一个故事：

1956年，以色列与埃及交战。以色列军队企图夺取西奈半岛，而首要目标是埃及军队的核心要塞——米特拉山口。

埃及驻西奈半岛的守军将领当然也十分明白，一旦米特拉山口失守，那么西奈半岛也就难以掌控了。因此，埃及守军将领除了派重兵镇守山口外，还在旁侧地带安排驻军策应，以备不测。"以我们目前的守备力量来看，米特拉山口应该是万无一失了。"镇守山口埃军的各部队首领信心满满。

10月的一天，米特拉山口的埃军阵地上空，突然出现了4架以色列野马式战斗机。"不好，敌人要来偷袭我们。全体进入阵地，准备战斗！"指挥员下达了作战命令。埃军士兵纷纷进入掩体，举起自动步枪，架起高射机枪，准备射击。可是，以色列战斗机并没有对埃军阵地进行机枪扫射，也没有投下炸弹，它们轰鸣着，一会儿猛地掠地俯冲，一会儿又直插云霄。低飞时距地面不过4米高，而升起时又不见飞机的踪影。埃军官兵目瞪口呆，不明白以色列战斗机到底要干什么。

"别看了，快打电话向上司报告吧！"不知是谁提醒了一句，埃及官兵慌忙摇起电话，准备向上司报告。可是摇了半天，电话机就是听不到声音。"天哪，那几架飞机把我们的电话线给割断了。这可怎么办呢？"

原来，以军用飞机的螺旋桨和机翼将埃军的电话通信线切断了。埃军官兵一下子陷入了极大的惊慌之中，这时，一场大战开始了……

在埃及整个部队处于高度戒备状态准备奋力迎战时，以色列军队只运用了4架战斗机就巧妙地切断了埃军的电话线，使他们失去外援，让战争获胜的概率大了很多。

很简单的一个故事，却意义非凡。短兵相接、真枪实战可能无法取胜，这时候就需要开动大脑寻找"窍门"了。在犹太人看来，没有经过深思熟虑的鲁莽行事风格是最不可取的，因此，犹太人每每遇到难题或问题瓶颈时，他们都会尝试以下三个方法：

一、转换问题的定义

遇到问题不要太过沮丧，更不要太快放弃。与其把时间浪费在沮丧上，不如专注地思考问题。换思路想问题，由于视角不同，答案及方法自然就不同了。所以，遇到问题时，换个角度想一想，或改变旧有方式，也许能提升问题的层次、视野及境界，有助于走出盲点。

二、寻求他人的协助

必须打破"不有求于人"的心理障碍，善于求助也是一种智慧。多向他人求援，自然多一些思考出路。

三、不钻牛角尖

遇到问题不钻牛角尖，暂时冷静，让自己有充分的思考时间。或走出去，听听他人的建议。

有困难必定有克服困难的方法。常言道，山重水复疑无路，柳暗花明又一村。无论人遇有什么样的困难，总会有办法能够解决。

生活就是解难题，解开一个难题，就向前进一步；一时解不开，或许要停顿一下，但这正是为了整理思路，从而找到方法，更好地解决难题。

人需要有迎难而上的精神，需要有着力寻找解决问题的方法；需要有勤于学习，了解新知识、掌握新技术，努力提高自己运用新方法的能力；需要有在困难面前永不言败的信心。人的智慧是伟大的，因此，办法肯定会比困难多。

商机无处不在

《塔木德》中说:"水因地而致流,商因机而致富。"

犹太商人是发现机会、利用机会致富的高手。

很多年以前,一个犹太商人曾对他的儿子说:"现在我们唯一的财富就是智慧,当别人说一加一等于二的时候,你应该想到大于三。"

1946年,这位犹太商人带着一家人来到美国,在休斯敦做铜器生意。一天,父亲问儿子一磅铜的价格是多少,儿子答35美分。父亲说:"对,整个得克萨斯州都知道每磅铜的价格是35美分，但作为犹太人的儿子，应该说是3.5美元，你试着把一磅铜做成门把手看看。"

20年后，父亲死了，儿子独自经营着铜器店。他做过铜鼓，做过瑞士钟表上的簧片，做过奥运会的奖牌，他曾把一磅铜卖到3500美元，这时他已是麦考尔公司的董事长。然而，真正使他扬名的是纽约州的一堆垃圾。

1974年，美国政府为清理自由女神像翻新扔下的废料，向社会广泛招标。但好几个月过去了，仍然没人应标。

正在法国旅行的那位犹太人的儿子听说后，立即飞往纽约，看过自由女神像下堆积如山的铜块、螺丝和木料后，他未提任何条件，当即就签了字。

纽约许多运输公司对他的这一"愚蠢"举动暗自发笑，因为在纽约州，垃圾处理有着严格的规定，弄不好会受到环保组织的起诉。就在一些人要看他的笑话时，他却开始组织工人对废料进行分类。

他让人把废铜熔化，铸成小自由女神像；把水泥块和木头加工成底座；把废铅、废铝做成纽约广场的钥匙。最后，他甚至把从自由女神像身上扫下来的灰包装起来，出售给花店。不到3个月的时间，他把这堆废料变成了350万美元现金，每磅铜的价格整整翻了1万倍。

这名犹太人既能发现商机，又能从中发掘财富，不放过任何

第一章 犹太人的思考智慧

挣钱的商机。灵活变通的经商原则让他赚得盘满钵满,显示出良好的灵活和变通能力。

一个犹太人走进纽约的一家银行,来到贷款部,坐下来。

"请问我能帮上您什么忙吗?"贷款部经理一边问,一边打量着这位一身名牌穿戴的人。

"我想借钱。"

"好啊,您要借多少?"

"1美元。"

"啊?只借1美元?"

"是的,只借1美元。可以吗?"

"当然可以,只要有担保,再多点儿也无妨。"

"好吧,这些担保可以吗?"犹太人说着,从豪华的皮包里取出一堆股票、国债等,放在经理的写字台上,接着说:"总共50万美元,够了吧?"

"当然!当然!不过,您真的只借1美元吗?"

"是的。"

"年息为6%。只要您付出6%的利息,一年后归还,我们就会把这些东西还给您。"

"谢谢。"犹太人接过了1美元贷款协议。然后,准备离开银行。

银行行长一直在旁边冷眼观看,他怎么也弄不明白,拥有50

万美元的人，怎么会来银行借1美元。他匆匆忙忙地赶上前去，对犹太人说："这位先生……"

"有什么事吗？"

"是的，有个问题想请教您一下。我实在想不明白，您拥有50万美元，为什么只借1美元呢？要是您想借三四十万美元的话，我们也会很乐意……"

"不必了。我来贵行之前，问过好几家银行，他们保险箱的租金都很昂贵。所以嘛，我就准备在贵行寄存这些股票、国债。贵行租金实在太便宜了，一年只需花6美分。"

这个故事虽然有些荒唐，但却反映出了这个犹太人有很强的寻找商机能力。依照常理，贵重物品应保存在金库的保险箱里，许多人会认为，这种方式可能是唯一的选择。然而这个犹太商人没有受限于常情常理，而是独辟蹊径，找到了既能保险又不需要付出太多钱财就能让财富锁进银行保险箱的办法。

通常情况下，人们进行抵押的目的大多是为了借款，并希望以尽可能少的抵押物争取尽可能多的贷款。而银行为了保证贷款的安全或获利，都以低于物品实际价值的款项贷给抵押人。然而，正是银行的贷款规则，激发了上面故事中的那位犹太人的变通思维：自己是为抵押而借款的，借款利息是不得不付出的"保管费"，既然对借款额下限没有明确的规定，那当然可以只借1美元，从而将"保管费"降至6美分。这位聪明的犹太商人给我

第一章 犹太人的思考智慧

们的最大启示就是——他不仅是个精明的商人，而且是个守规矩的商人，他能在不改变规则的前提下，灵活地让规则为其所用。

做一个精明的商人，头脑必须灵活，能有变通能力，才能为自己谋取更大的利益。

有这样一个故事：

伊万向村里的一个犹太人借了一枚银币。他们双方商定了还钱条件：伊万明年还两个银币，在此期间伊万需要把自己的斧子抵押给这个犹太人。

伊万刚要走，犹太人叫住他："伊万，等一等，我想起一件事，我觉得到明年你要凑足两个银币，对你来说有些困难，你现在先付一半不是更好吗？"

这话让伊万觉得很对，他将到手的那个银币还给了犹太人，然后回家了。

走到路上伊万觉得不对，想了一阵子没想明白，自言自语地说："怪事，银币没了，斧子没了，我还欠人一个银币——可是那个人说的蛮有道理的。"

看看，犹太人变通规则的能力从上面这个故事中也可见一斑。

犹太商人会在实际中按照自己的想情，并在不违反原则的条件下将规则转变为对自己有利的事情，从而获利。犹太商人这种应变的能力让他们在商战中如鱼得水，屡战屡胜，这也是他们成功的原因之一。《塔木德》中说："成功没有捷径可走，但是却可以有很多路径供人选择。"善于寻找商机的人，会把视角放在很多路上，不会只盯住一处，甚至把自己逼至墙角。

2001年5月的一天，美国有一位名叫乔治·赫伯特的推销员，成功地把一把旧斧子推销给了布什总统，从而获得布鲁金斯学会的"金靴奖"。

布鲁金斯学会的"金靴奖"是推销界的"奥斯卡"，在乔治得奖之前，它的得主已空缺了26年。

很多的推销员看到题目，照着以前的老思路，认为当今总统什么也不缺，即使缺什么，也用不着他亲自去购买；退一万步说，即使总统亲自买，也不一定正赶上你去推销的时候。

正是这件在其他人看来是不可能做到的事，乔治·赫伯特却做到了。乔治·赫伯特给布什总统写了一封信，信中说："有一次，我有幸参观了您的农场（布什在得克萨斯州有一个农场），发现里面种着许多树，有些已经死掉，木质已经变得松软。我想，您一定需要一把斧子，但是从您现在的身体来看，小斧子显然太轻，因此您需要一把不甚锋利的老斧子，现在我这儿正好有一把，它是我祖父留给我的，很适合砍伐枯树……"

后来，乔治收到了布什总统15美元的汇款，而乔治也获得了刻有"伟大的推销员"字样的一只金靴子。

有些时候，寻找商机，变换思路是非常必要的，因为懂得换思路的人看问题角度会发生变化。

第一章 犹太人的思考智慧

人善于转换思路与头脑不僵化密不可分,也许有时某个想法,你会突然灵光一现,但这毕竟不是常有的事,而头脑开放则是转换思路的基础。人要让自己的大脑常常处于多角度思考的状态,才能训练自己的思维具有开放性。如果人不勤于思考,总安于现状,或凡事照搬自己以往或别人的经验,遇到挫折与困难时坐等"援兵",那么,在生活和工作中就无法做到灵活变通。

有时候,人们在做一件事情时经常会因为方法不当而走入"死胡同",这时候,如果转换一下思路,或许就能让"死胡同"变成通途。当然,有的人不知道如何变通,只是一味地按照原来的思路走,于是让自己的路越走越窄,甚至出现无路可走的情况。

在微软,每一次面试通常都会有多位微软的面试官参加。每一位面试官都要事先被分配好任务,比如,有的人会出智力方面的问题,有的人会考应聘者的反应速度,有的人会测试应聘者的创造力及独立思想的能力,有的人会考察应聘者与人相处的能力及团队精神,还有的人会深入地问一些研究领域或开发能力的问题。在测试独立思考和善于变通的能力时,考官经常会问以下一些问题:

请评价微软公司电梯的人机界面。
为什么下水道的盖子是圆的?

请估计一下某地共有多少家加油站？

这些问题不一定都有正确的答案，但是通过它们却可测出一个人的思维是否开放和有无独立思考的能力。这类题每个人都可以轻松地回答，但回答好很不易，而且这类题目事先也是无法准备的。

当然，灵活变通不是投机取巧，耍小聪明；善于变通的人，也不是圆滑、不负责任的人。人要使难成之事变成心想事成，一定要学会变通技巧；变通能够使人在紧要关头化险为夷，变通能够使人在困难时找到灵活应对的方法。

善于变通，带来的是成功，是发展；不善于变通，带来的是停滞，甚至是消亡。"变通"一词，先有"变"后有"通"，因为只有变才能通。

寻找商机时，要学会变通，善于变通，这样会使我们眼前的路更宽，前途更广！

✡ 创新能出奇迹

《塔木德》中说："开锁不能总用钥匙，解决问题不能总靠常规的方法。"这句话来源于一个古老的故事。

从前有一个犹太富翁，他有两个儿子。儿子们大了，犹太富翁也老了。富翁开始思索，让哪个儿子继承遗产。想起自己年轻时白手起家，一天，富翁忽然灵机一动，找到了考验儿子们的好办法。

富翁锁上宅门，把两个儿子带到100里外的一座城市，然后给他们出了个题，许诺谁答得好，就让谁继承遗产。

富翁交给两个儿子一人一大串钥匙、一匹快马，要他们回家，谁先进家谁就赢了。两个儿子骑上马跑得飞快，兄弟俩几乎是同时到家的。但是面对紧锁的大门，两个人都犯愁了。

哥哥左试右试，慌乱地从一大串钥匙中寻找最合适开锁的那把；弟弟呢，由于他刚才光顾了赶路，钥匙不知什么时候丢了。

两个人都急得满头大汗。突然，弟弟一拍脑门，有了办法，他找来一块石头，几下子就把锁砸开，顺利地进去了。自然，继承权落在了弟弟手里。

在一般情况下，按常规办事并没有错。但是，当常规已经不适应变化了的新情况时，就应解放思想，打破常规，善于创新，独辟蹊径。

心理学研究表明，人平时所使用的能力，只是人所具有能力的 2%～5%。这就说明人要有打破常规的创造性思维。因为，只有这样才可能把狭隘心理转变为心胸宽广，把"一根筋"转变为多角度思考，在近乎绝望的困境中能有信心，寻找到希望，创造出新的生机，获得出人意料的胜利。

犹太人是善于创新的人群，他们常常在此路不通时另开辟一条路，或独创一种新风格、新方法，来继续自己要做的事。

《伊索寓言》里有这样的一个小故事。

在一个暴风雨的日子，有一个穷人到富人家讨饭。

"走开！"仆人说，"没有饭。"

第一章 犹太人的思考智慧

穷人说:"让我进去,在你们的火炉旁烤干衣服就行了。"仆人同意了。

穷人在烤衣服时,请求厨娘给他一个小锅,以便他可以煮点儿石头汤喝,因为他实在太饿了。

"石头汤?"厨娘感到很奇怪,"我要看看你怎样把石头做成汤。"于是她就答应了穷人的要求。

穷人到院里捡了块儿石头,洗净后便放在锅里煮。

"可是,你总得放点儿盐吧。"厨娘看着锅里的石头说。她给了穷人一些盐,后来又给了穷人一点豌豆、薄荷、香菜。最后,在穷人的要求下,厨娘又把能够找到的碎肉末都放在汤里。

当然,您也许能猜到,这个穷人后来把石头捞出来扔回院里,美美地喝了一锅肉汤。

如果一开始穷人便对仆人说:"行行好吧!请给我一锅肉汤。"他会得到什么结果呢?毋庸置疑,他肯定什么都得不到。但穷人以不同寻常的做法为自己赢得了所需要的东西,由此可见,打破常规或许不需要有天才的头脑,但需要有创新的智慧和勇气,这样才能做出令人吃惊的事情。

保加利亚队与捷克斯洛伐克队在欧洲曾进行过一场篮球锦标赛。当比赛剩下8秒钟时,保加利亚队以2分领先,一般说来此时保加利亚队已稳操胜券。但是,这次比赛采用的是循环制,保加利亚队必须赢球超过5分才能取胜。

可要用仅剩的8秒钟再赢3分，谈何容易？这时，保加利亚队的教练突然请求暂停比赛。许多人对此举付之一笑，认为保加利亚队大势已去，被淘汰是不可避免的，教练即使有回天之力，也很难力挽狂澜。可是，当比赛重新开始时，球场上发生了意想不到的事情：只见保加利亚队拿球的队员突然运球向自家篮下跑去，并迅速起跳投篮，球应声入网。这时，全场观众目瞪口呆，全场比赛时间到。

当裁判员宣布双方打成平局需要加时赛时，观众们才恍然大悟。保加利亚队这出人意料之举，为自己创造了一次起死回生的机会。加时赛的结果，保加利亚队领先对手6分，如愿以偿地出线了！

保加利亚队教练没有受思维定势的束缚，巧妙地从传统思维的枷锁中跳出来，自己往自己篮筐里投球，获得加时赛的机会，最后赢得胜利。

经验固然重要，但不固守经验，才能获得更多的成功机会。在实践中，人要善于打破常规思维的束缚，这对于一个人的成败具有非凡意义。

美国加州有一家老牌大饭店，该饭店的电梯过于狭小老旧，已经无法适应越来越大的客流。于是，饭店老板准备配备一部新电梯。

老板请来全国一流的建筑师和工程师，请他们一起探讨该如何修建电梯。这些建筑师和工程师的经验都很丰富，他们足足讨论了半天，最后得出一致结论：饭店必须停业半年，这样才能在每个楼层打洞，以便安装电梯。

"除此之外就没有其他办法了吗？"老板皱着眉头说，"要知道，那样会损失很大数量的营业额。"但建筑师和工程师们坚持认为这是最好的方案。就在这时，饭店里的一位清洁工刚好经过，听到他们的话，他说："要是我，就会直接在屋外装上电梯。"

所有的人都被清洁工的话震惊了，老板记住了这句话。第二天，饭店就开始在墙外面安装新电梯。这在建筑史上，也是第一次把电梯安装在室外。

人类的创新能力可以说是最伟大的奇迹，一个人每天都会做出许许多多的决定，而每次做决定都是激发创意的好时机。

所以，大胆尝试新方法，尽管有些新方法有时不能"药到病除"，但是尝试得越多，成功的概率就会越大。

✡ 要有非凡的承受力

《塔木德》中说:"要承受发生的事情,要忍耐环境带来的变故。"

曾有一个犹太人被问到成功的秘诀时,他笑着说:"没有什么所谓的秘诀和技巧,如果非要一个答案的话,我只能真诚地告诉你,那就是——要有承受力。"

从生理学上说,人具有一种与生俱来的承受力,这种承受力可以战胜压在身上的各种艰难困苦,也可承受冒险带来的巨大压力。犹太人认为,抗压越大,成事机会越大;就像登多高的山,看多远的风景。

倘若担心自己无法承受磨难而不付诸行动,那么虽然没有痛苦,但也永远登不上成功之巅。承受力是成大事者必备的能力,因为风险随时都有可能发生。如果前怕狼,后怕虎,没有一点儿承受力,那么,肯定中途就止步了。

有一个犹太人被抓进了纳粹集中营,他的生存状况无比艰辛,但他凭借着顽强的承受力活了下来。他天天刮胡子,力求让自己精精神神,即使有些时候找不到刮胡刀,他拿碎玻璃也要刮胡子,终于他等到了战争结束的那一天,他活了下来。

保持强大的承受力,就能在遇到挫折的时候,雄心不减、进步向前,不失望、不放弃。承受力是一种很重要的心理素质,心理承受能力的高低对人们的生活态度和行为有着巨大的影响,甚至在某种程度上决定着人一生的命运。

如果你悲观失望,开始怀疑自己的能力,那么,说明你的承受力还不够强大。人可以怀疑自己的选择,但是不能怀疑自己的能力。选择错了,可以从头再来,但是要把自己给否定了,那人生便没有希望了。

富兰克林第一篇电学论文曾被科学权威不屑一顾,皇家学会刊物也拒绝刊登;第二篇论文也遭到皇家学会的嘲笑。富兰克林只好找朋友们帮忙出版自己的论文,出版后因论点与皇家学院院长的理论针锋相对,富兰克林遭到这位院长的人身攻击。

但富兰克林没有被攻击所吓倒，他不放弃自己的科学理念，而是更积极地投入实验，以实践来证实自己的立论，最终获得成功。后来，富兰克林的著作被译成了德文、拉丁文、意大利文，得到了全欧洲的公认。

常言说："水激石则鸣，人激志则宏"，恶劣的环境不可怕，险恶的挫折也不可怕，人最可怕的是丧失了承受苦难、坎坷后奋发图强的心理素质。所以说，要想成功，成为有本领的人，就必须锻炼自己比常人拥有更强的承受能力。

有一棵苹果树，第一年，它结了10个苹果，9个被拿走，自己得到1个。对此，苹果树愤愤不平，于是自断经脉，拒绝成长。

第二年，它结5个苹果，4个被拿走，自己得到1个。"哈哈，去年我得到10%，今年得到20%！翻一番。"这棵苹果树心理平衡了。

但是，它还可以这样：第一年继续成长。第二年，它结100个果子，被拿走90个，自己得到10个。很可能，它被拿走99个，自己得到1个。但没关系，它还可以继续成长，第三年结1000个果子……

其实，得到多少果子不是最重要的。最重要的是，苹果树要成长！等苹果树长成参天大树的时候，那些曾阻碍它成长的力量都会微弱到可以忽略。至于果子，不要太在乎，因为成长才是最重要的。

人要具有好的心理承受力,这种心理承受力是个体良好心理素质的重要组成部分。事实表明,人的心理承受力具有很大的可塑性。

承受能力强的人,往往对挫折的反应小,历经挫折的时间短,接受挫折的消极影响小;反之,则容易在挫折面前不知所措,被挫折的不良影响打击甚至受伤害,导致心理和行为异常。

✡ 低调是做人之本

《塔木德》中说:"尽量隐藏自己的优点和功绩,这是人的众多优良品格之一。"

低调,是犹太人成功的素质之一。中国古代哲学家老子也说:"上善若水,水善利万物而不争,处众人之所恶,故几于道。"又说,"夫唯不争,故无尤。"就是说,水是柔弱的,但它能以柔弱而摧败天下至坚的物质,这是它的自然之性。从另一个侧面说明低调的重要性。

美国开国元勋之一的富兰克林年轻时,去一位老前辈的家中做客。他昂首挺胸走进一座低矮的小屋,一进门,"嘭"的一声,额头撞在了门框上,青肿了一大块。

老前辈笑着出来迎接说："很痛吧？你知道吗？这是你今天来拜访我最大的收获。一个人要想洞明世事，练达人情，就必须时刻记住'低头'。"从此，富兰克林将"低头"的哲理牢记着，后来，他成功了。

"低调"与"高傲"是人们常谈的话题。为人低调、谦虚，是大多数人所倡导、所追求的，因为它是一种美德、是一种智慧，可真实地体现一个人的素养。

人常说：暴露在外的椽子先烂。这是因为高调。而低调，是一种品格，一种姿态，一种风度，一种修养，一种胸襟，一种智慧，一种谋略，是做人的最佳姿态。正像许多树木根基稳固而不张扬，才能枝繁叶茂，硕果累累；倘若根基浅薄到处炫耀，便难免枝衰叶弱，不禁风雨。

据说有一次，徐悲鸿正在画展上评议作品，一位乡下老农上前对他说："先生，您这幅画里的鸭子画错了。您画的是麻鸭，雌麻鸭尾巴哪有那么长的？"

原来徐悲鸿展出的《写东坡春江水暖诗意》，画中麻鸭的尾羽长且卷曲如环。

老农告诉徐悲鸿，雄麻鸭羽毛鲜艳，有的尾巴卷曲；雌麻鸭毛为麻褐色，尾巴是很短的。徐悲鸿接受了批评，向老农表示深深的谢意。

低调是在社会上立世根基的绝好姿态，不仅可以保护自己、融入人群，与人们和谐相处，也可以让人暗蓄力量、悄然潜行，在不显山不露水中成就事业。

一个人在社会上，如果总过分张扬、卖弄，那么，不管他多么优秀，都难免会遭到"明枪暗箭"的打击和攻讦。而在低调中修炼自己，无论在职场、商场，都是一种进可攻、退可守，看似平淡，实则高深的处世谋略。

孔子是我国古代著名的大思想家、教育家，学识渊博，但他从不自满。他周游列国时，在去晋国的路上，遇见一个七岁的孩子拦路，要他回答两个问题才让路。

其一是：鹅的叫声为什么大。

孔子答道："鹅的脖子长，所以叫声大。"

孩子说："青蛙的脖子很短，为什么叫声也很大呢？"

孔子无言以对。

孔子惭愧地对学生们说："我不如这个小孩，他可以做我的老师啊！"

低调是人生存竞争的谋略，低调的人生态度比高调的人生态度更让人佩服；低调的姿态比高调的张扬更富有魅力；低调的方法比锋芒毕露更容易实现目标！

低调是人们生存和发展的资本，即使你认为自己满腹才华、能力比别人强，也要学会"藏拙"，这样，才能在竞争激烈的社会中走向通往成功的阳光大道。

✡ 合作共赢起于让步

《塔木德》中说:"用争夺的方法,你永远得不到满足;但用让步的方法,你得到的可能比你期望的更多。"

在犹太人的处世哲学中,不计较,常让步,是他们认为合作共赢的开始。

犹太人认为如果事事斤斤计较,强强对抗,势必两败俱伤,很多时候可以采取暂时退让的方法,等待时机,谋取更大的利益。

投资大鳄索罗斯说:"如果你的表现不尽如人意,首先要采取的行动是以退为进,而不要铤而走险。"退,是进,退一步海阔天空,当你做出退步决定的时候,正是你向前迈进的开始。

在欧洲,强烈的反犹太政策没能阻挡住罗斯柴尔德家族前进的步伐。当奥地利面临财政困难,罗斯柴尔德家族看准时机与政府谈判。经过艰难的谈判,奥地利政府答应让罗斯柴尔德家族进军奥地利,犹太人终于"攻占"了奥地利这块坚硬的"生意冻土带"。

原来,当老罗斯柴尔德准备将经营范围扩大到法国以外的地域时,奥地利便是他的目标之一。罗斯柴尔德家族在谈判人选上颇费苦心:既不让才干非凡却稍嫌莽撞的长子尼桑去,也不让漂亮机智的五子杰姆斯去,却派为人谦恭憨厚朴实的次子萨洛蒙只身前往维也纳。

萨洛蒙是一个谦谦君子,他亲切和蔼,彬彬有礼,奉行的原则是:以退为进。

萨洛蒙从募集奥地利国家公债着手,并使公债附上新的形式,使得公债具有很高的回报率。

奥国公众看到后群起而反对,并采取抵制运动。萨洛蒙小心翼翼,他不触动反对派的利益,以忍让为主,对反动派的议论一句话也不反驳。他只是在报纸上展示公债发行的经济收益宣传,让公众明白这是有利可图的好事情,鼓励公众购买。

萨洛蒙牢牢地抓住公众的"投机心理",他所制定的一切措施，均以激发公众的投资欲望为目的。萨洛蒙甚至以家族的名誉做担保，此后逐渐赢得了公众的信任。

随之而来的是国家公债的暴涨。奥地利政府对萨洛蒙非常满意，公众由于获得了实际利益，抵抗最终成为拥护。

当然获利最丰的仍是罗斯柴尔德家族，他们收到了公债发行的承办手续费和公债暴涨的巨额利润。奥地利政府、罗斯柴尔德家族、奥地利民众，三方皆大欢喜。

人们在谈及成功之道时，通常更多地强调利润第一，甚至为了利润勇往直前、积极进取。然而有时候，一味地猛冲猛打追逐利益未必是最好的方法，以退为进也是一种智慧的人生策略。

退、让不代表懦弱和胆怯，更不是无能的表现。相反，退、让是一种前进，上面故事中的罗斯柴尔德家族，他们即使谈如此重要的生意，依然表现出坦然和释怀。因为他们相信，退、让是为了更进一步。

犹太人在与人合作时很少与合作方进行激烈的正面交锋，当产生矛盾时，他们往往主动退或让，因为他们懂得以退为进的道理，这是他们聪明的地方。

当年肯尼迪在竞选美国参议员的时候，他的竞选对手在最关键的时候抓到了他的一个把柄：肯尼迪在学生时代，曾因为欺骗而被哈佛大学退学。当时，这一把柄在政治上的影响是巨大的，竞选对手很可能以此为由击败他。

可想而知，一般人面对这类事情的第一反应就是极力否认，澄清自己，但肯尼迪知道问题的严重性，他很坦诚地承认了自己的错误，他说："我对于自己曾经做过的事情感到很抱歉。我做得的确不对。对此事我没有什么可以辩驳的。"

肯尼迪放弃了无谓的辩驳，承认了此事，并坦诚的道歉，这事让他得到了民众的谅解。

无独有偶，美国前总统克林顿也深谙以退为进之道。

当克林顿陷入桃色丑闻时，他没有一味地否认，而是采取了一种以退为进的策略，他主动承认了自己的错误。让美国人民做出选择：让他下台或让他继续留在总统的位子上。结果证明，克林顿的坦诚得到了人们的原谅。

人的一生中，做错事是难免的，欲盖弥彰只能错上加错。还有，谁也保证不了不与他人发生矛盾，产生摩擦。如果为了矛盾、摩擦而大动干戈，在犹太人看来，实在是得不偿失。

犹太人认为只要没有根本的利害冲突，即便自己占理，让三分又有何妨？再说，与人方便就是与己方便，尊重他人就是尊重自己。在退后一小步的同时，也是向前迈出了一大步。这样做不仅可以化解矛盾，还能够让彼此加深理解、增进友谊，从而达到双赢的目的。

犹太人古奥十分勤劳，由于他买不起一般平地上的肥沃良田，便独自找了一块山坡地。经过努力开垦，他把贫瘠的山坡地，开辟为产量甚丰的梯田。村庄里的许多穷佃农们，看到古奥的成就，争相效仿，纷纷在山脚下，开辟出一片一片的梯田。

起初，这些在山坡梯田耕作的佃农们，每天忙着自己田里的耕作，倒也相安无事。直到有一年，雨水不够丰沛，田里已有明显缺水的现象。但古奥由于早已做好充分的准备，早在山中找到了几处水源，挖好了渠道，将山泉水大量地引进他的梯田，所以，虽然其他佃农的梯田缺水，但古奥梯田中的作物，却依然欣欣向荣。

一天早上，辛勤的古奥如往常一般来到他的田里，他大吃一惊，整片梯田的灌溉水，竟然全部流失了，梯田里呈现干涸的现象。古奥赶紧做了弥补，除了将田里补满灌溉水之外，他还仔细地进行了调查，为何田里会有失水的现象。

结果，古奥在田埂上发现了一个极大的缺口。原来，其他梯田的佃农们，趁夜里挖破了古奥的田埂，将古奥的田水往自家田地引流，去灌溉自己的旱田。

古奥明白后，并没有找佃农们理论，在接下来的几天当中，古奥加倍努力地工作，他开挖了几条新的渠道，将他找到的水源，顺利地引到与他田地挨着的每一个缺水的梯田中，把那些佃农们的梯田用水灌得满满的，让佃农们不再有缺水的恐慌。

从此之后，古奥以及大家的田地再也没有缺水；而辛勤的古奥，也不用担心有人会来挖他的田埂了，而受到他惠顾的农人们，纷纷前来感谢他。

我们不得不承认，奥古不仅是一个勤劳智慧的人，更是一个善于退让、解决问题并赢得尊重的人。当他受到别人的"算计"时，他首先想到的不是谩骂、气愤和暴跳如雷、实施报复，而是以忍让的方式来解决问题，化解矛盾，这是解决问题的最好方法，既利人也利己。

所以，在现实生活中，我们都应该向犹太人学习，不与人争，学会退让。在退让的同时，利用自己的智慧，解决问题，做利人利己之事，让合作共赢。

幸福来自珍惜生命

《塔木德》中说:"战胜自己的人,比战胜一座城池的人更有勇气。"

犹太人认为,人出生的时候之所以是哭着来到这个世界,那是因为每个人的生活中都会有痛苦,但人应该是笑着离开这个世界的。人生在世活着不易,总会有一些不如意与烦恼,但只要还活着,就要努力让自己开心过好每一天。

一个女人被情所伤,决定远走天涯。她来找拉比(犹太民族中的老师或智者)诉说苦恼,她痛哭流泪,而后告诉拉比,她即将远离。拉比说:"离开前,请回答几个问题。"

拉比问:"天涯在哪里?"

女人答:"天涯很远,在天边。"

拉比又问:"天边在哪里?"

"这个……"女人回答不出来,说,"请您指点。"

拉比说:"天涯在你心里。"

女人问:"天涯怎会在我心里?"

拉比说:"既然你已被情所伤,走得再远,心仍然受伤,无所谓天涯;如果你觉得伤已平复,更无所谓天涯,所以,天涯就在你心里。"

女人说:"谢谢您的指点!那第二个问题又是什么呢?"

拉比问:"你认为的幸福是什么?"

女人说:"幸福就是爱啊。"

拉比说:"错!幸福就是你还活着。"

女人更加不明白:"仅仅活着就是幸福吗?"

拉比说:"在这个世界,能活着已经很幸福了。因为很多人来不及享受生命就匆匆地走了,难道你不觉得自己是幸福的吗?"

女人说:"活着是一种幸福,可是也会有痛苦。"

拉比说:"那你认为的痛苦是什么?"

女人说:"痛苦就是没有爱了。"

拉比说:"错!痛苦也是你还活着。"

女人说:"那我更加糊涂,活着是幸福,活着怎么又是痛苦呢?"

拉比说:"生而为人,就是要体验幸福和痛苦,这样才叫人生。你幸福是因为你还活着,你知道痛苦也是因为你还活着啊,不然你怎么会知道有痛苦呢!"

女人说:"那我已经知道幸福和痛苦的意义,下一个问题呢?"

拉比问:"爱是什么?"

女人说:"爱就是长相厮守,不离不弃……"

拉比说:"错!你这只是两性之爱,未免太过自私,除了你爱的那个异性,世间还有亲情友情之爱,还有对生活的爱,对所处的世界的爱,对你身边每一个人的爱,对自己工作的爱,对你所专长的事物的爱,对需要怜悯者的爱,对各种人世间你所不排斥的人或者事物的爱,这些爱难道不比使你现在所受伤的爱要博大、深邃很多吗?"

女人说:"谢谢您的指点!我明白了,我应该以感激的心去面对生活,我所获得的美好、痛苦,都是生活赐予我的,只要活着,我就是幸运的。我应该感谢生活没有将曾经我拥有的收回。我也感谢您,我决定留下来,继续生活在这里,我会珍惜我现在所拥有的。"

女人走出拉比家,外面,阳光明媚,暖风习习。她忽然觉得活着真好,活着就是幸福!

教育家苏霍姆林斯基说：人战胜自己是最不容易的胜利。其实，我们每天的努力都是在不断地战胜自己。

人能好好地活着，是一件非常幸运的事！所以，我们没有理由去无端地浪费自己生命。我们应该高效率、高质量地"利用"生命，使之变得充实而有意义。

我们还要摆脱名缰利锁，看淡恩恩怨怨，以一颗平常之心善待他人，从而追求内在心灵的真诚和真实。

人如果能过自己喜欢过的生活，做自己喜欢做的事，就能体验真正的幸福和美满。所以，既然活着就是一种幸福，那么，我们还有什么理由因为逆境而一蹶不振失去生活的勇气呢？

每个人最大的敌人就是自己，只有战胜自己才能战胜一切。但是，要打败"自己"这个敌人谈何容易。

世界上没有一个人有一帆风顺的人生，即使有，也只是相对而言，而逆境和挫折常常出现，考验着人们，激发着人们，从而让人超越自我，实现人生的辉煌。

犹太人深知这一点，所以当他们处于逆境、挫折的时候，不逃避、不放弃。犹太人知道挡在前进路上的挫折只能靠智慧来解决，而人在克服挫折的过程中才能得到成长与进步。

犹太人不会对生活中出现的困难、问题表示出厌恶和恐惧，他们坚信逆境是上天赐予自己的礼物。犹太人常常说"请降下磨难，考验我的信仰；请降下苦痛，把我和普通人区分；请给我逆境，让我成功"，以此来鼓励自己坚强面对困难，顽强解决问题，实现美好生活。

1933年1月，希特勒一上台，就发布了第一号法令，把犹太人比作"恶魔"，叫嚣着要粉碎"恶魔的权利"。不久，哥廷根大学接到命令，要学校辞退所有从事教育工作的纯犹太血统的人。

在被驱赶的学者中，有一名妇女叫爱米·诺德，她是这所大学的教授，时年51岁。爱米·诺德主持的讲座被迫停止，就连她微薄的薪金也被取消。这位学术上很有造诣的女性，面对如此际遇，却心地坦然，因为她一生都是在逆境中度过的。

诺德生长在犹太籍数学教授的家庭里，从小就喜欢数学。1903年，21岁的诺德考进哥廷根大学，在那里，她听了克莱因、希尔伯特、闵可夫斯基等人的课，与数学结下了不解之缘。诺德在学生时代就发表了几篇高质量的论文，25岁便成了世界上屈指可数的女数学博士。

诺德在微分不等式、环和理想子群等研究方面做出了杰出的贡献。但由于当时妇女地位低下，她连讲师都评不上，在大数学家希尔伯特的强烈支持下，诺德才由希尔伯特的"私人讲师"成为哥廷根大学第一名女讲师。后来，由于她科研成果显著，又是在希尔伯特的推荐下，取得了"编外副教授"的资格。

诺德热爱数学教育事业，善于启发学生思考。诺德终生未婚，却有许许多多"孩子"，她与学生们交往密切，和蔼可亲，人们亲切地把她周围的学生称为"诺德的孩子们"。

诺德离开了哥廷根大学,去了美国工作。在美国,诺德同样受到了学生们的尊敬和爱戴。1934年9月,美国设立了以"诺德"命名的博士后奖学金。不幸的是,诺德在美国工作不到两年,便死于外科手术,终年53岁。

诺德的逝世,令她很多数学同事无限悲痛。爱因斯坦在《纽约时报》发表悼文说:"根据现在的权威数学家们的判断,诺德女士是自妇女受高等教育以来最重要的富于创造性的数学天才。"

犹太人因逆境而生,犹太民族的历史给了他们适应逆境的天性。在那漫长的流离失所的历史中,犹太人学会了从绝境中发掘希望,学会了忍受生命之重,学会了从逆境中找出积极因素,学会了改变痛苦的局面而寻找新的幸福的智慧。

犹太实业家路德维希·蒙德在学生时代曾在海德堡大学同著名的化学家布恩森一起工作,并发明了一种从废碱中提炼硫磺的方法。后来蒙德移居英国,将这一方法也带到了英国。

几经周折,蒙德才找到一家愿意同他合作的公司,结果证明他的这个专利是很有经济价值的。蒙德由此萌发了自己开办化工企业的念头。

蒙德在柴郡的温宁顿买下了一块地建造厂房,同时,他继续实验,当实验失败之后,蒙德干脆住进了实验室,昼夜不停地工作。经过反复复杂的实验,蒙德终于解决了技术上的难题。

1874年厂房建成，起初生产情况并不理想，成本居高不下，连续几年企业亏损。同时，由于当地居民担心大型化工企业会破坏生态平衡，拒绝与他合作，令他一时陷入困境。

然而，在逆境中顽强求生的坚忍性格帮助了蒙德，蒙德不气馁，终于在建厂6年后的1880年取得了重大突破，产量增加了3倍，成本也降了下来，产品由原先每吨亏损5英镑变为获利1英镑。当地居民认可了蒙德，许多人进了他的工厂。后来，蒙德建立的这家企业成为全世界最大的生产碱的化工企业。

蒙德把逆境当作一种人生挑战，在外在的压力之下，他的能力得到了充分的发挥，他不仅对自己的潜力有了新的发掘，而且还不断将自身价值得以提升。

人活一世，没有人可以清楚地知道自己将要面对的前程，也不会预先知道前进路上将要面临什么样的境况，但是，只要相信：有生命才是所有的希望成为现实的必要条件就可以了。

让我们好好珍惜自己的生命，苦与痛都是人生经历，困难与困境也是人生中的过程，只要你拥有一颗坚强的心，珍惜生命，就能品尝幸福与成功。

第二章

犹太人的做人智慧

✡ 信仰的力量促人前行

在《塔木德》中，有这么一个自问自答的问题——

"人的眼睛是由黑与白两部分所组成的，可是神为什么要让人只能通过黑的部分去看世界？"

答："因为人生必须透过黑暗，才能看到光明。"

这段对话对世世代代的犹太人产生了积极的激励作用。

爱因斯坦说："每个人都有一个不同的信仰，这种信仰决定着他努力前进的方向。"犹太民族之所以能够延续至今，并成为全世界屈指可数的富有的民族，靠的就是信仰的力量。

第二章 犹太人的做人智慧

犹太民族著名的作家费朗茨·威斐和妻子从纳粹前线逃了出来。他们从德国穿过法国一直往南走。后有追兵，被抓住便意味着要被送进集中营甚至更惨。这对夫妇只希望能安全地通过西班牙边境，然后漂洋过海到美国。

但西班牙官员却不让他们通过，他们只能往回走，临时住在派瑞尼的一个名叫崂兹的小镇里。这一晚，这位流亡作家不住地祈祷。

"我不相信您，"他哽咽着说，"这是我的实话。但现在我面临着巨大的危险，已经到了我能承受的极限，我祈求您的垂怜。保佑我和我的妻子安全地穿过边界，等我到了美国后，我将把这故事写下来，让世界的人都能读到。"

奇迹发生了，一个星期后，费朗茨·威斐和他的妻子安全地穿过了边界。一踏上美国的土地，他做的第一件事就是写了《伯拉德特的赞歌》。今天，没有谁对信仰的赞辞能比得上这位流亡作家写的故事。

信仰给了处于绝望中的费朗茨·威斐夫妇希望。在深重的苦难面前，是信仰使他们重新鼓起勇气，有了对生的希望，支撑着他们渡过了难关。

法国思想家帕斯卡尔说："人只不过是一根芦苇，是自然界最脆弱的东西，但是却是一根会思考的芦苇。"有信仰的人即使遭遇到极大的苦难，也能凭借信仰，让自己想到未来的美好，从心里产生动力和希望。

犹太人认为："世界上有两样东西是亘古不变的，一是高悬在头顶上的日月星辰，一是深藏在每个人心底的高贵信仰。"人心中有信仰，行动就会有力量。

第二次世界大战期间，欧洲某国某都市街上，发生了一件事。那时，这个国家已经被德国军队占领了。一天，所有的居民都被叫到一个广场上集合，训完话后，纳粹军官从犹太人群中拉出一个老师模样的中年男子，军官以为只要这位教师肯放弃犹太教，其他犹太人一定会效仿。

"放弃犹太教吧！只要你肯改教，保证一辈子吃香的、喝辣的。"纳粹军官大声地宣布，唯恐大家听不到。

"我拒绝。"骨瘦如柴的教师这样回答。

"你只要诅咒你的神，那么，你的生活和你的家人就能受到永远的保护。"

"我拒绝。"教师的声音很平静。

"你知不知道你现在在说什么？假如你还这样嘴硬，我就先杀了你，再说一次，你到底放不放弃犹太教？"

广场上的人都紧张地屏住了气息，一动也不动，世界像是突然静止了；他们有人注视着军官，有人凝视着教师，有些女人甚至闭起眼睛，不敢观看，因为这一幕实在是太恐怖了。

"我不放弃。"教师铁青着脸回答，这时，纳粹军官再也忍不住了，他从枪套中拔出了手枪，伸直右手，瞄准教师，"砰"的一声枪响，射中了教师的肩膀，刹那之间，教师站立不稳，便倒在地上了。教师血流不止，但还不断地低吟："无论如何我都不会改变我的信仰。"

"你只要说一句放弃犹太教，我马上送你去医院，治好你的伤，然后，你就可以和你的家人一起过着快乐、幸福的日子。"军官说。

"我不放弃。"教师一面喘着气，一面回答。

军官直立不动，他似乎呆住了，转瞬间，大家都看到军官的脸上布满了恐怖的表情，然后，他举起手枪，向躺在地上的教师开枪，一枪、两枪、三枪、四枪……在枪声中，大家断断续续地听到教师"不放弃……不放弃……"的声音，直到他离开了人世。

故事中的那位犹太人可敬可佩，他在生命受到威胁时仍没有放弃自己的信仰。信仰就是力量，是支撑起他一切的动力。

信仰是一种思想，一种对待人生的哲学、态度，它能够使人看得更远更广。信仰是石，能敲出生命的火花；信仰是火，能驱散心灵的寒霜；信仰是星，能引领前进的方向。

人只要树立起坚定的信仰，人生就会奏响动人的华章。犹太人正是凭借坚定的信仰走到了今天，并取得了令世人羡慕的成就。

杰克·韦尔奇是世界上最杰出的企业家之一，他成功地经营着GE公司，使之成为全球首屈一指的企业管理圣殿。而GE的发展离不开韦尔奇的企业信仰。

有一天，记者采访GE一位员工："你们靠什么成为了令美国以至全世界都仰慕的企业？"

那名员工说："我们依靠的是对企业的信仰，对企业领导韦尔奇的信仰。打个比方，如果明天早晨上班的时候，韦尔奇头朝地倒立着进公司的大门，你必将看到后面所有员工都会倒立着进入公司的大门！"从这位员工的话中，可以看出企业信仰对于一家公司员工的巨大影响。

韦尔奇坚定的信仰，使他的员工、他的企业拥有着同样的信仰，这就是他的成功之处，也是GE公司成功的重要因素。

韦尔奇在其自传中写道："为了实现上下统一的意志，共同的战略目标，我执着地在理性和感情两方面做好工作！尤其在核心生产、技术开发和客户服务的三大业务上，通过不断地沟通交流这个民主的过程，达到追求上的充分一致。"

信仰是人生最高意义存在，拥有信仰，坚定信仰，人生的天空将会被点亮，离成功的目标也会越来越近。

✡ 超越自我没有限度

《塔木德》中说:"超越别人,不如超越自我。"

犹太人认为,人要想成功,超越自我是自己的一项重大责任。超越自我,就是在一定程度上放下自我,通过改变自己的思想,让自己拥有与以往不一样的思维、行为方式!

犹太人有着很高的超越自我素质,他们经常自我反省,不逃避现实,做到慎独自律。在商业活动中,犹太人信守合约、遵守法律规定,哪怕约定是口头上的。在犹太人看来,只要双方达成了某种一致，就要严格执行，这样才符合道德规范，也就是说，不管如何，都要求自己遵照契约的约定来履行自己的义务和责任。他们认为，如果双方都想着用契约去牵制对方，那么，这个契约就可能作废。所以，很多人在与犹太人的商业往来中，基本上不存在犹太人不履行契约的情况，除非是契约本身有问题。

犹太人严于律己、信守承诺的品质使他们在商界赢得了很高的赞誉。

同样，犹太商人在管理自己企业的过程中，也是以身作则的，他们先做表率，然后以自己的行动去影响别人，很少有只严格要求别人却对自己放松要求的情况。

哈佛大学有一位计算机高手，名叫布鲁斯。他在中学时就是一个严于律己的热心人，同学们经常向其寻求帮助，"布鲁斯，我的计算机怎么上不了网了"，"布鲁斯，我的计算机怎么打印不了东西了"，"布鲁斯，excel里面怎么插图表"，"布鲁斯……"

这些有关计算机应用方面的问题，有些布鲁斯能解决，有些布鲁斯也解决不了。但即使问题不好解决，布鲁斯也不会轻易跟对方说自己不会，他一般都会告诉他们说："等等，我琢磨一下！"

带着这些问题，布鲁斯会上网查资料，寻找解决问题的方法，实在解决不了，再请教别人。布鲁斯在计算机方面的能力很强，又乐于帮助他人，所以跟同学们的关系十分融洽。

布鲁斯在进入哈佛大学后，曾对同学感慨说："同学问问题，对自己也是一个很好的学习过程，通过帮助他们，我掌握了新知识，重新复习巩固了一遍旧知识。"后来布鲁斯在大学里成了一名计算机高手，这一切对他来说是乐于助人的回报！

超越自我要克服自己的缺点，要戒骄戒躁，要常去问自己做了什么、做对了没有、应该做什么，要少去要求别人。超越自我，是成功的头等条件，人只有做到了超越自我，才会使梦想成为现实。

雅典奥运会上，刘翔以12秒91的成绩打破了男子110米栏的奥运会纪录，平了世界纪录。但刘翔能获得如此优异的成绩是他努力的结果，训练中他流了多少汗水，平日中他吃了多少苦，只有他自己知道。正是他不断克服自己的弱点，不断超越自我，最终才能摘取奥运桂冠。

然而，雅典奥运会后刘翔并没因此而止步，他依旧每天不断地训练，一次次地超越自我，经过不懈的努力，他又在洛桑以12秒88创造了新的世界纪录。

人如果不超越自我，就会被自己绊住了脚。苏格拉底说："超越别人并不困难，难的是超越自己。"是的，我们每个人最强的对手，往往不一定是别人，很可能就是我们自己，所以，在超越别人之前，先得超越自己！尤其是在逆境中超越自己已属不易，在顺境中也能超越自己就更为困难。

古希腊著名的政治家和雄辩家德摩斯梯尼，天生口吃，嗓音微弱，不仅说话时口吃，还有挤眼、跺脚、耸肩等坏习惯。可是他没有怨天尤人，气馁放弃，而是坚持不懈地训练自己"正常"起来。他虚心地向著名的演讲家请教发音的方法和辩论的技巧；为了改进发音，他把小石子含在嘴里朗读，迎着大风和波涛练习演讲；为了改掉气短的毛病，他一边在陡峭的山路上攀登，一边不停地大声吟诵；他每天起早贪黑地在家里对着一面大镜子练习演说；为了改掉说话耸肩的坏习惯，他在两肩的上方各悬挂一把剑……经过多年艰苦的努力，他创造了一个个奇迹，最终成为著名的雄辩家。他超越自我取得了成就。

成功和失败的人本来是站在同一起跑线上的，只不过成功的人超越了自己，而失败的人没有超越自己，正因为这样，两人的结果完全不同。

那么，怎样做到超越自我呢？

1. 首先要自己树立超越自我的信念，不要被他人所打扰，也不要半途而废，因为这是一个长期的过程，需要一点一滴的去积累，去实践，去努力，去奋斗。

2. 选择自己最擅长的或薄弱的地方，尝试进行针对性的突破，有些过程"尝试"的时间会长一些，但千万不要放弃。

3．不仅仅要超越自己擅长的事物，对不擅长的也要进行超越，因为如此，可以使我们所擅长的越做越好；不擅长的也会有所突破。

4．超越自己是没有限度的，无论你现在已经达到了怎样的水平，你都会有超越的空间，所以，永远不要认为自己已然成功，要牢记山外有山，人外有人的古训。

享乐不忘行善

《塔木德》中说："适度享乐而不忘追求善行的人才是最贤明的。"

犹太人认为，既然世界上的一切都是人创造的，那么享受世上的乐趣，也是世界赋予人的特权，甚至可以说是义务。但享乐应不忘行善，行善是回报社会、助人的最好方式。

很多犹太人从小就给孩子们讲这样一个故事：

有一艘船在航行的途中遇到了强烈的暴风雨，偏离了航向。到次日早晨，风平浪静了，人们才发现船所处的位置不对，不过大家发现船前面不远处有一个美丽的岛屿。

于是人们把船驶进海湾，抛下锚，准备做短暂的休息。从甲板上望去，岛上鲜花盛开，树上挂满了令人垂涎的果子，一大片美丽的绿茵，还可以听见小鸟动听的歌声。

船上的旅客分成了五组。第一组旅客，因担心正好出现顺风而错过起航时机，便不管岛上如何美丽，静候在船上；第二组旅客急急忙忙登上小岛，走马观花地观赏了一遍盛景之后，立刻回到船上；第三组旅客也上了岛游玩，但由于停留时间过长，在刚好吹起顺风时急忙赶回，由于回来时匆忙，丢三落四，当初好不容易占下的船上的理想位置也被别人占了；第四组旅客一边游玩一边观察船帆是否扬起，而且认为船长不会丢下他们把船开走，故而一直停留在岛上，直到起锚时才慌忙爬上船来，许多人为此而受了伤；第五组旅客留恋岛上美丽的风光，充耳不闻起航的钟声，被留在了岛上，结果，有的被猛兽吃掉，有的误食毒果生病而亡。

那么，假如您是旅客，您会是哪一种呢？犹太人认为，第一组的人对快乐缺少体会，人生缺少乐趣；第三组、第四组、第五组由于过于贪恋和匆忙，吃了很大苦头；只有第二组的人既享受了少许快乐，又没有忘记自己的使命，这是最有智慧的一组。

享受生活不仅包括物质上还有精神上。犹太人认为，能享受生活才是有意义的人生，犹太人不太赞成过分节俭。他们认为要学会享受生活，因为赚取财富是为了更好地生活，这是最明智的生活态度。享受生活是"善待了自己的心情，擦净了自己的心窗"。当然，享受并不是只享受财富带来的幸福，还要行善意，助他人。

保罗·艾伦1953年出生于美国西雅图，毕业于华盛顿州立大学。父亲当过20多年的图书管理员，为艾伦从小博览群书提供了条件。

1968年，艾伦与比尔·盖茨在湖滨中学相遇，艾伦以其丰富的知识令盖茨折服。两人成了好朋友，一同迈进了计算机王国，掀起了一场软件革命。1975年，他们共同创立了"微软帝国"，艾伦拥有40%的股份。

艾伦和盖茨一起创立了微软，但艾伦却离开了微软，他是带着微软的股票一起走的。与盖茨狂爱工作不同，艾伦很会享受生活。他曾经在意大利水都威尼斯举办化装舞会，租用豪华邮轮驶往阿拉斯加开晚会，在法国南部还有豪华度假别墅。艾伦曾一掷千金，耗资7000万美元买入波特兰开拓者队（美国职业篮球队），后来又花了2亿美元买了美式足球联盟的西雅图海鹰队。

多年来，微软的市值不断上升，使得艾伦的腰包日渐丰裕，他不仅购买了球队、体育馆和戏院，他的游艇"章鱼"，也是世界上最大的私家游艇，全长125米，相当于英式足球场地大小，有可供两架直升机起落的升降坪，船中还藏有一艘长达18米的登陆艇。艇上有60名常备水手及其他工作人员。一些见过世面的亿万富豪们见此都惊呼"这简直就是航空母舰"。

艾伦常邀请亲朋故旧、娱乐及IT圈的名流来到他耗资亿万美元的游艇上游玩。在游艇驶往诸如巴厘岛等旅游胜地的途中，艾伦会手执吉他与著名音乐人彼得·加布里埃尔联袂表演，以飨来宾。艾伦曾说："我十分热爱编程，但是这无法与音乐相比。"他建立了自己的摇滚乐队"屠户店男孩"，并在乐队担当吉他手。

当他听说西雅图Cinerama电影院即将关门的消息后，他不但买下电影院，还把它改造成了展示各种电影的展览馆和西雅图科幻博物馆、名人堂，用来珍藏近半个世纪各种科幻艺术作品和艺术家们关于未来各种幻想的图画。艾伦还在西雅图闹市区建立了梦幻般的摇滚博物馆。

但艾伦享乐并不忘行善，作为好莱坞梦工厂和波特兰广播电台的老板，他还是致力于寻找太空生命和研究人工智能的SETI项目的主要赞助人，他曾为研究人类大脑出资一亿美元，并建立了专门的基金会。艾伦说："挣钱就是为了享受，应该在条件允许下尽量善待自己。"

这里我们讲艾伦的享乐故事，并不是要告诉大家都去效仿他，与他攀比。而是说，虽然人生在于奋斗，但在可能的情况下，善待自己，学会享受财富带给生活的美好，和挣钱奋斗一样重要。而艾伦回报社会，做利人之事，除了有一颗善良的心，还有一种高贵的品德及道德情操。

行善不分小事、大事。行善就是帮助需要帮助的人，行善需要舍己为人、多做公益事情、爱护环境、扶危济困的精神。

✡ 交友要交真心朋友

《塔木德》中说:"与污秽者为伍,自己也得污秽;与洁净者相伴,自己也得洁净。"

犹太人认为交真心朋友,才是人应追求的!可现实中交真心朋友是很难交到的,有时你越想得到,越不容易得到。每个人都想拥有很多真心朋友,因为真心朋友会在你不开心时听你倾诉;你孤单时陪伴着你;你遇到困难时帮扶着你。

犹太人认为,交友不慎,很容易受到伤害。因此,犹太人从小就教育孩子如何择友,有这样一则关于犹太人教育孩子的故事。

一天，爸爸从外边回来，把3岁的约翰放到壁炉台上，然后松手道："约翰，跳到爸爸怀里来。"

约翰见爸爸和自己玩，显得很高兴，笑着往爸爸怀里跳。可是，当约翰快要落到爸爸怀里时，爸爸却突然抽回了手。约翰自然就落到地上，哇哇地哭开了。

小约翰哭着爬到坐在对面沙发上的妈妈怀里，妈妈却只是笑着说："爸爸真坏！"而爸爸则站在一旁对小约翰说："站起来。"

可能很多人会认为故事中的爸爸太残忍，但犹太人却认为这种做法不是残忍，而是正常的。他们说："像这样重复几次，孩子自然就认为，爸爸也不可信，这样孩子以后就不会轻信任何人了。"以后，在交友时就会谨慎，认为良友难得，而与人相处时适度戒备，也是对自己的一种保护。

自然界中的"杀人蝙蝠"仅仅施以舒适而致命的诱惑，就能使驴子陶醉于沉迷之中莫名其妙地死去，这是多么可怕的谋杀手段，而生活中这样的"蝙蝠朋友"也到处可以见。犹太人认为，对敌人要保持距离，对朋友也要留点儿神，很多势利的朋友，迟早会离你而去。

梅里特兄弟是由德国移民到美国的，定居在密沙比。通过辛勤的工作，兄弟俩积攒了一笔钱。后来，他们意外地发现，密沙比有着丰富的铁矿。兄弟俩决定秘密行动，他们不动声色地收购了一块地产，然后顺利地成立了铁矿公司。

当地人汉克斯看到梅里特兄弟的铁矿公司十分眼馋。汉克斯决心得到这个铁矿。

1837年，经济危机笼罩着美国商业，市面银根告紧，同许多公司一样，梅里特兄弟的铁矿公司也陷入了危机的漩涡之中。兄弟俩愁眉不展，他们的一个好朋友布什来到他家。

在闲聊中，梅里特兄弟不自觉地谈到了经济危机，并对布什说铁矿公司也陷入了危机之中，资金周转不灵。

布什热心地说："你们怎么不早些告诉我呢！我可以帮你们一把啊！"

兄弟俩听了这话不禁喜出望外，对布什说："您有何高见？"

布什说："我有一个朋友，看在我的面上，他可以提供给你们需要的周转资金。"

兄弟俩说："您真是个好人，我们都不知道拿什么感谢您呢！"

布什问："你们要多少钱周转？"

梅里特说："42万美元。"

布什很快就写了封借42万美元的介绍信。

兄弟俩问："那么利息怎么计算呢？"

布什大方地说："我怎能要你们的利息呢？这样吧，比银行利率低2厘。"

兄弟俩简直不能相信，这样的好事会降临在他们头上。

布什又拿出笔立了一张借款字据："今有梅里特兄弟借到考尔贷款42万美元整，利息3厘，空口无凭，特立此为证。"

梅里特兄弟念了念字据，觉得没有什么遗漏，便在字据中高兴地签了字。

半年之后，布什又来到梅里特兄弟家，一进门，就十分严肃地对兄弟俩说："我的朋友是汉克斯，他早上给我来了封电报，要求马上收回那42万美元贷款。"

梅里特兄弟哪来42万美元呢，他们被逼上了法庭。

汉克斯的律师说："借据写的是考尔贷款。考尔贷款是贷款人随时可收回的贷款，所以它的利息要比一般贷款低，根据美国法律，借款人或者立即还清所借款，或者宣布破产！"

在这种情况下，兄弟俩只好宣布破产，将产业出卖，买主当然是汉克斯，铁矿公司作价52万美元。

梅里特兄弟在创办铁矿公司之前谨慎从事，然而，当铁矿公司办起来之后，他们却放松了警惕，尤其是交友不慎，最终造成了他们的悲剧。

犹太人认为，当你去交一个朋友时，先考察他，不要急于信任他。因为，生活中有些朋友，当事情对他们有利时，他们是忠诚的，但是当看到你身处逆境、困境之中，这些人就可能会抛弃你，还有些朋友甚至会倒向敌人一边，这都不是真正的朋友。

交友一定要慎重，要选择忠实可靠的朋友。一个忠实可靠的朋友像一个安全的庇护所，谁能找到这样的朋友，谁就找到了财宝。

忠实可靠的朋友是金钱、财富无法衡量的。所以，如果一个人不对朋友考察轻易交往，就等于不能把握自己的前途。

人在交友时要选择志向远大的人，因为一个人的想法和行动很容易影响周围的人。和积极勤奋的人在一起，自己会觉得生活充满希望，和消极懒散的人在一起，自己会变得停步不前。

适时沉默胜过雄辩

《塔木德》中说:"有时的沉默胜过语言。"

生活中,人总会遇到许多不如意的事。如果因为别人一句不顺耳的话,就和别人起争执或反唇相讥、针锋相对,这样只能使事态升级。但如果选择少说话的态度,反而胜过千言万语,能让对方自觉无趣而退让。

有这样一个故事:

一个教师在旅途中,碰到一个不喜欢他的人。连续好几天,那个人都跟着这位教师,用尽各种方法嘲笑他,教师每次都以沉默待之。

有一天，那人又开始谩骂教师。教师转身问那人："若有人送你一份礼物，但你拒绝接受，那么这份礼物属于谁？"

那人答："属于原本送礼的那个人。"

教师笑着说："没错，若我不接受你的谩骂，那你就是在骂你自己。"

那人摸摸脑袋，终于离开了。

这个故事表明，少说有时恰恰是最好的武器。

生活中总有些人，喜欢搬弄是非，唯恐天下不乱。对付这些人的办法尽管很多，但是，最有效的方法却是保持沉默，让流言蜚语在时间的长河里，慢慢变成无足轻重的泡沫。

有一个国王快要病死了。医生告诉国王，喝母狮子奶是存活下来唯一的希望。国王转向仆人们问道，"谁去把母狮子奶给我拿来"？

"我愿意去！"有个仆人回答说，"但我须带上10只山羊。"国王答应了，于是那人赶着羊群上路了。

那人找到了一个狮子洞，里面有一头母狮子正在给幼崽喂奶。第一天，这人远远站着，扔过去一只山羊。这样他逐渐地往狮子跟前走，到了第10天，他和母狮子成了朋友，母狮子让他抚摸，让他和它的幼崽玩耍，最后让他取了一些自己的奶。

那人拿着奶走到半路，累了，便倒地睡了一觉，睡梦中，他梦见自己身体的各个部位吵了起来。他的腿说:"你们其他器官都不能和我们相比,要不是我们走近母狮子,这个人就没办法取到奶给国王。"手说:"要不是我们挤奶,他也没有办法取到奶给国王。""但是,"眼睛说,"要不是我们指路,他什么也干不了。""我比你们都好!"心喊叫着,"要不是我想到这个办法,你们都没有用。""而我呢,"舌头说,"我是最有用的!要是这个人不能说话,你们还能干什么?""你怎么敢和我们比?"身体中的各个部位朝舌头一起叫起来,"你都没有骨头,软软弱弱。""可你们早晚会知道,"舌头说,"到那时你们就会说我是你们的统治者。"

那人醒过来后继续赶路。当他走进国王的宫殿时,他说:"这是我给您带回来的狗奶!"

国王咆哮了,嚷道:"我要的是狮子奶,把他绞死。"

在去刑场的路上,这个人身体的各个部分都颤抖起来。此时舌头对它们说:"我说过我比你们厉害,如果我救了你们,你们会不会让我统治你们?"身体中各个部分忙不迭地同意了。

"把我送到国王那里去。"舌头冲着刽子手大喊,这人又被带到国王面前。

"为什么您要下令把我绞死?"这人问,"我带回的奶能治好你的病,你不知道有时候母狮子也叫母狗吗?"

国王的医生从这人手里接过奶,检查一番,发现真的是母狮子奶。国王喝了以后，病很快就好了。

这个人获得了丰厚的奖赏。身体中的各部位对舌头说："我们向你鞠躬致礼，你是我们的统治者。"

这则故事告诉我们，说话是很重要的，人不能乱说话。

犹太人认为：在某些时候，沉默比什么话术都有效。沉默就是力量，沉默胜过滔滔不绝、口若悬河。

一天，一个穷人骑马到外地，到了中午，他把马拴在一棵树上，坐到一边去吃饭，这时，一个富人也骑马来到这里，把马也拴在那棵树上。

穷人见了，连忙说："请不要把马拴在那里，我的马还没有驯服好呢，它会踢中你的马！"

"我想拴在哪儿，就拴在哪儿，用不着你一个乡巴佬来教训我！"

富人不屑地说道。他拴好马，也坐下来吃饭。过了一会儿，两匹马踢咬起来，不待它们的主人跑上前，野性未驯的穷人的马就把对方的马踢死了。

富人大怒，扯住穷人到法官那里，让穷人赔他的马。法官问穷人："你的马是怎样踢死他的马的？"穷人闭口不言。法官又问："你的马真的踢死了他的马吗？"穷人还是一言不发。

法官一连串提出了许多问题，穷人就是不开口说话，法官对富人说："他是个哑巴，不会说话，怎么办呢？"

富人急了:"他不是哑巴!刚才见到他时,他还说话了呢。""他说什么了?"法官问。"他说:'请不要把马拴在那里,我的马还没驯好呢,它会踢死你的马!'"富人回答说。法官皱起眉头,说:"那么,他不应该赔偿你的马。"

你看,有时沉默往往是回击敌人的最好办法,而喋喋不休的说对问题的解决没有任何帮助,相反在此过程中自己的弱点还有可能暴露给别人。

当然,沉默时我们要注意以下两点,这样才不失沉默的意义,才能取胜。

首先,要有恰当的沉默理由。

通常人们采用的理由有:假装不理解对方对某个问题的陈述;假装对某项问题的立场不理解;假装对对方的某个失误不计较,以表示自己的态度。

其次,沉默要有度,可以适时进行反击,迫使对方让步。

"沉默是金",人们常用这句富有哲理的话赞美沉默,但在无止无休的世事纷争中,人也不应该无原则地忍气吞声,要能抓住要害,一语中的,或抓住对方的软肋反击,这样才能保持自己的尊严,给对方以威慑力。

✡ 打破成见，敢于质疑

《塔木德》中说："要想有大的作为，就得打破既有的成见。"

成见是什么，就是一种思维定势。人若不能打破成见，会让自己失去更多学习的机会。

有这样一个例子：

在一座无人居住的房子外，一只鸟儿每日总是准时光顾。它站在窗台上，不停地以头撞击着玻璃窗，每次总被撞落回窗台。但它坚持不懈，每天总要撞上10来分钟之后才离开。

一些人猜测，这只鸟大概是为了飞进那个房间。

后来，有人用望远镜观察，才发现那玻璃窗上粘满了小飞虫的尸体。鸟儿每次吃得不亦乐乎！人们怎么也没有想到鸟儿有如此独特的觅食方式，而人总是按照自己日常的思维方式去评判鸟儿的世界。

由此可见，人们在生活中，一旦形成了某种固定观念，就会束缚住自己的手脚，限制住自己的思维，形成思维定势，成为创新的障碍。

对于很多人而言，得到他人的否定是很痛苦的事情，更别提权威人士的否定了。但是对于犹太人来说，权威人士和普通人给的否定意见没什么区别。

犹太人认为，即使你是权威，你也不可能永远持有正确的观点，对或不对，只能通过实践来确定。因此，犹太人对于权威的否定，大多采取先接受的态度，不会给予太多的反驳，他们是默默地实践，用结果来证实到底正不正确。因此，在犹太人之中，产生了很多奇才。他们敢于向禁锢了几千年思想、影响了社会几百年的一些所谓"真理"挑战。

成功的人，大多是敢于质疑权威、打破成见的人；而平庸的人，大多是因循守旧，永远人云亦云，跟在权威人士的后面走。

1952年前后，日本的东芝电气公司曾一度积压了大量的电扇卖不出去，7万多名职工为了打开销路，费尽心机地想了不少办法，可依然进展不大。

有一天，一个小职员向当时的董事长石坂提出了改变电扇颜色的建议。而当时，全世界的电扇都是黑色的，东芝公司生产的电扇自然也不例外。

这个小职员建议把黑色改为彩色。虽然大多数业内人士都认为这不符合常规，也行不通，但这个建议却引起了董事长石坂的重视。经过研究，公司采纳了这个建议。

第二年夏天，东芝公司推出了一批浅蓝色电扇，放到市场上，大受顾客欢迎，还掀起了一阵抢购热潮，几个月之内就卖出了几十万台。从此以后，在日本以及全世界，电扇就不再都是一副统一的黑色面孔了。

现在我们想想，这一改变颜色的设想，增加的效益竟如此巨大，而提出这个设想，既不需要有渊博的科技知识，也不需要有丰富的商业经验，为什么东芝公司那么多专业人士就没人想到、没人提出来呢？为什么日本以及其他国家的成千上万的电气公司，以前都没人想到、没人提出来呢？

这显然是因为，自有电扇以来都是黑色的。虽然谁也没有规定过电扇必须是黑色，可彼此仿效，代代相袭，渐渐地就形成了一种惯例、一种传统，似乎电扇都只能是黑色的，这样的常规反映在人们的头脑中，便形成一种思维定势。随着时间越长，这种定势对人们创新思维的束缚力就越强，人们要摆脱它也就越困难，而创新越需要做出更大的努力。

而东芝公司的这位小职员，从其思考方法的角度来看，可贵之处就在于，他突破了"电扇只能漆成黑色"这一思维定势的束缚，让思维进行了开放性放飞，从认识的角度，进行了更有广度、深度地思考，提出主动性建议，为公司积压的库存电扇打开了销路。

据统计，几乎全部的犹太富翁都曾数次遭受过银行信贷部门的拒绝。专业的信贷评审员或许会直接否定他们的创业计划，但他们仍坚持不懈，转向别的信贷机构或者独辟蹊径继续寻求帮助。成功的犹太人，哪一个不是曾遭受过拒绝而依然对自己充满了信心？他们认为，越是权威人士的否定反而越会成为一种积极的刺激力和动力。

曾有一位犹太人开玩笑地说，某一位批判家对他的批判犹如预言家一般准确，只要是这位批判家否定的计划书，无一不顺利完成，同时能给自己带来巨大的收益。可见，权威的意见并不一定是准确或对的。

人如果对自己没有信心，就会把权威人士的否定作为真理，就会从心理的对战中撤退，生活在权威错误的思维统治之中。而那些不屈服权威敢于否定权威的人，会以权威的否定为动力，激发起斗志，挑战自我，直至成功。

孔子一行来到齐国，拜见齐景公而不去造访晏子。子贡说："拜见齐君，不去见他的执政大夫，可以吗？"孔子说："我听说晏子侍奉过三位国君，如此顺利，他为人是否正派，我很怀疑。"

晏子听说后，说："我世代为齐民，不思己行，不识己过，是不能自立的。我一心一意，为国为民，辅佐过三位国君，都很顺利。可我如果三心二意地去侍奉一位国君，也未必顺利啊。如今，未见我的作为，却对我的顺利进行质疑。就犹如湖人非难斧头，山民非议渔网。开始，我见到儒者，觉得他很尊贵；今天，我倒觉得他很值得怀疑。"

孔子听到此言后，很后悔。他说："我孤陋寡闻，口不择言而微词他人，这使我几乎错识了一位贤人。"孔子先叫弟子宰予去向晏子谢罪之后，才去拜见了晏子。

孔子之误解晏子，根源在于他对晏子怀有成见，没有去深入调查，只是表面看问题，因此，即使他是圣人，"栽跟斗"亦不例外。

所以，要使一个人没有成见，真的很难。正因为难，才需要遇事三思，直至搞清楚事实真相再去下结论。

现今，由于犹太人善于经商，很多人开始把犹太人的经商策略和经商模式视为权威，希望复制或照搬，对此，犹太人是持否定态度的。他们认为，成功可以复制，但不能全部照搬，人只要相信自己，坚持不懈，自己一样能成功。

所以，我们要学习犹太人独立思考的精神，不人云亦云。要像他们那样，谨慎而且认真地对待他人的建议，多实践，靠自己努力谋取成功。

不能失去勇气

《塔木德》中说:"失去金钱,只是失掉半个人生;但是失去勇气,则一切都失掉了。"

犹太人认为,有勇气的人才有成功的信心。有勇气的人,才敢教日月换新天。人们往往用"仙人掌"来形容犹太人。仙人掌是一种外表坚硬带刺,但内心相当甜蜜的植物,用这种植物来形容犹太人外刚内柔的勇敢性格,可以说再恰当不过了。

希伯来语中有两句话在日常生活中的使用频率很高,在《塔木德》中也反复出现,这就是"本来就是这样的"和"一切都会好起来的"。这两句话比较形象地反映了犹太人坚强向上的性格。一方面，犹太人在生活中面临着各种各样的压力，但他们不会一味地抱怨，他们在遇到困难和意想不到的麻烦时，不放弃，不退缩，敢于挑战，不会像很多人觉得无法忍受或暴跳怒吼"怎么能这样""我无法相信这一事实"。他们总是耸耸双肩，摇着头轻声地说"本来就是这样"，然后用进一步的努力和昂扬的精神耐心地去克服困难。他们常常说："我们肯定会赢""一切都会好起来的"。

这两句话简单地表达了犹太人乐观主义和充满希望的性格，这两句话也可以说已经成为了很多犹太人的座右铭，表达了他们不论发生什么困难，都有能力、有信心解决，以及他们能承受的乐观主义精神充满希望的信念。

据说在1976年以军在乌干达的坎帕拉机场营救人质的行动中，牺牲了一名军官，事后在整理这名军官的书信时，发现了他的绝笔之作——写于牺牲前5天的家信。

在信中，这名军官第一次流露出对动荡的世界及不断的战争的忧心，但即便这样，在信的结尾他还是写上了"一切都会好起来的"。

犹太人"仙人掌"式的性格用著名心理学家、哲学家威廉·詹姆斯的话说就是："如果我们被一种不寻常的需要推动时，那么奇迹将会发生。"是的，当我们的疲惫达到极限时，或许是逐渐地，或许是突然地会超越这个极限，找到全新的自我！此时，我们的力量显然到达了一个新的层次，这就是勇气不断积累、不断丰富的过程。直到有一天，我们突然发现自己竟然拥有了不可思议的力量，并感觉到难以言表的轻松。这其实就是勇气。"

詹姆斯还指出，"勇气是一种习惯。勇气这种习惯的过人之处在于，你表现得越有勇气，你性格也就越可能变得更坚韧。"事实上，勇气对于改变人们的习惯、实现目标的重要性，远非如此。

勇气是一个人通往成功并成就伟大事业必不可少的品质。虽然少数人拥有特权，然而，即使是最不起眼的小人物，也可以因为有勇气，实现自己的目标。

生活中，我们常常会遇到各种各样的挫折。但是，"成功者"与"平庸者"的区别，就在于成功者有不屈不挠的勇气和永不服输的意志。

联邦快递公司作为知名跨国公司，几乎人人知晓。作为联邦快递公司的创始人和首席执行官弗雷德·史密斯，在耶鲁大学求学期间就产生了这个创新性的航空货运理念。他认为，这个想法必定会使发送和接收邮件包裹的方式发生翻天覆地的变革。

于是，史密斯提出了自己的想法，写在了经济学课程的期末论文中。正当他满怀信心地以为会得到教授支持的时候，教授却将他的论文评为"C"，并对他说："理念很有趣，也很严谨；

但是，如果你想得到高过C的成绩的话，就不要写这些不可行的事情了。"这样的结果无疑让史密斯有些无奈。

但是，史密斯毕业后，却始终坚信自己的理念，最终他募集到了7200万美金的贷款和证券投资来实现自己的理想。

毫无经验，加上起初的规划设计问题，在头几年的经营中，史密斯遭受了巨大的损失。但是史密斯不气馁。终于，在1975年年底，史密斯迎来了近20000美元的赢利。今天，联邦快递公司已经成为一个价值百亿美元的跨国企业集团，在世界各地几乎都能看到它所开展的业务，公司拥有的员工已经有数十万名，日处理邮件量巨大。正是由于史密斯不懈的努力以及对自己信念的坚持，才使得在别人看来不可行的想法成为现实。

通过上面的案例可以看出，勇气和坚韧不拔对一个人的成功是多么重要。不论我们的目标是什么——成为职业演员、发明某项新专利，或是开创一家数百万资金的公司等大目标，还是诸如升职或清偿小额负债等小目标，只要相信自己，有勇气，对自己说"再坚持一下"，那么，我们的目标无论大小都能实现。

曾有人做过这样一个试验，把100个人分成A、B两个组。A组的人所处的环境比较舒适，可以打高尔夫球，有大轿车接送，打桥牌、吃西餐。总之，他们的一切需求和欲望都可以不费气力地得到满足；而B组却无论干什么都会遇到重重障碍。

这样过了6个月，A组的人整天昏昏然，精神颓废，而B组的人却精神抖擞，提出了许多新的设想并整天从事热衷于改善生活的现状。

物竞天择，适者生存。逆境不过是社会淘汰机制下的一个关卡而已，能不能挺过去就要看自己的勇气了。倘若你能经受住逆境的考验，那么，你就是在优胜劣汰的竞争中生存下来的那个强者。所以说，当遇到逆境的时候，人生的分水岭往往出现了：有的人坚持努力并且成功了，从此不断攀升人生高峰；有的人退缩、放弃，甘认失败，最终碌碌无为，默默无闻。

辛·吉尼普的父亲生重病的时候已经60岁了，他曾经是俄亥俄州的拳击冠军，曾有着硬朗的身子。

一天，吃罢晚饭，父亲把家人召到病榻前。父亲一阵接一阵地咳嗽，脸色苍白。他艰难地扫了每个人一眼，缓缓地说："那是在一次全州冠军对抗赛上，对手是个人高马大的黑人拳击手，而我个子矮，一次次被对方击倒，牙齿也出血了。休息时，教练鼓励我说：'辛，你能挺到第12局！'我也说：'我能应付过去！'然而对击时，我感到自己的身子像一块石头、像一块钢板，对手的拳头击打在我身上发出空洞的声音。我跌倒了又爬起来，爬起来又被击倒了，但我终于熬到了第12局。对手战栗了，我开始了反攻，我是在用我的意志击打，长拳、勾拳，又一记重拳，我的血同他的血混在一起。我的眼前有无数个影子在晃，我对准中间的那一个狠命地打过去……他倒下了，而我终于挺过来了。哦，那是我获得的唯一的一枚金牌。"

说话间，父亲又咳嗽起来，额上的汗珠滚滚而下。他紧握着吉尼普的手，笑笑说："不要紧，才一点点痛，我能应付过去。"

第二天，父亲就死了。那段日子，正碰上全美经济危机，吉尼普和妻子都先后失业了，经济拮据。

吉尼普和妻子天天跑出去找工作，晚上回来，总是面对面地摇头，但他们不气馁，互相鼓励说："不要紧，我们会挺过去的。"

后来，当吉尼普和妻子都重新找到了工作，坐在餐桌旁静静地吃着晚餐时，他们总要想到父亲，想到父亲的那句话——"辛，你能挺到第十二局。"

是的，当我们感到生活艰苦难耐的时候，要咬牙坚持，学会在困境中对自己说：'一切都会好起来的。瞧，我能应付过去！'"

人生之路，少有平坦，多有坎坷，在面对各种困难与挫折时，要有打败一切的勇气，才能战胜一切。

勇气十足，奇迹就会发生在自己身上。克莱门特·斯通说："勇气往往是同命运结合在一起的。犹太人有勇气，有进取心，他们像"仙人掌"那样生存，他们被世人称赞，在各个领域里骄傲地生活着。

谦谦君子才是真君子

《塔木德》中说：别想一下就造出大海，必须先由小河川开始。

很多人平时喜欢说大话，恨不得把自己吹到天上去；还有些人总是幻想着自己成功后要怎样怎样，实际上他们不过是纸上谈兵罢了。

李嘉诚说："不脚踏实地的人，是一定要当心的。假如一个年轻人不脚踏实地，我们使用他就会非常小心。犹如你建造一个大厦，如果地基不牢，不管建得再高再牢固，也是要倒塌的。"

所以，不脚踏实地，好高骛远的人，早晚要为自己的轻狂付出代价。

有这样一个故事：很久以前，有一个农夫在菜园里松土，突然从土里跳出一只很大的毒蜘蛛。农夫吓得惊叫一声，跳到一边去。

"谁敢动动我，我就咬死谁！"毒蜘蛛发出"咝咝"怪叫，舞动着长爪子，威胁农夫。农夫看着它，笑了。毒蜘蛛又向前爬了几步，张开大嘴做出咬人的凶相，对农夫说："你要听明白，只要被我咬一口，你就会有死的危险。你先是在痛苦中抽搐，接着在极度痛苦中咽气！走开，别靠近我，否则，你就要倒大霉了！"

农夫心里清楚，这个小东西是在装腔作势，说大话罢了，它过高地估计了自己。农夫向后退了一步，用足了力气，然后用光脚丫狠命地踩着蜘蛛，一边踩一边说："你嘴上讲得挺厉害，可你又有什么本事呢？我倒要领教领教，看你能不能咬死我！"毒蜘蛛被踩死了，在它生命的最后一刻，它狠命地在农夫的大脚掌上咬了一口，但农夫的脚掌上长满了厚厚的老茧，农夫除了感到被毒蜘蛛轻轻地蜇一下之外，并没有任何别的感觉。

犹太父母经常给孩子讲这个故事，告诉孩子：不要说大话，说大话是无知自满的表现，当一个人说大话时，就会失去一个人应有的谦虚恭敬，这样非常不利于人际交往。人首先要认清自己，也就是要有自知之明。一个人如果没有自知之明，就容易被自己的自负冲昏头脑，自以为是。

富兰克林年轻时，是一个骄傲自大的人，言行不可一世，处处咄咄逼人。造成他这种个性的最大原因，归咎于他的父亲过于纵容他，从来不对他的这种行为加以指导。

后来他父亲的一位挚友看不过去了，有一天，父亲的挚友把富兰克林叫到面前，用很温和的言语，规劝了他一番。这番规劝，竟使富兰克林从此一改往日的行为，变得谦虚、自律，渐渐得到了众人的尊重，拥有了丰富的人脉资源，最终踏上了成功之路。

父亲的那位朋友对富兰克林是这样说的："你想想看，你那不肯尊重他人意见，事事都固执己见的行为，结果将使你怎样呢？人家在遭受了几次难堪的境地后，谁也不会愿意再听你那一味矜夸骄傲的言论了。你的朋友们将一一远离你，免得受一肚子气，这样你将不能交到好朋友，也不能从别人那里获得半点儿学识。何况你现在所知道的事情，老实说，还有限得很，根本不管用。"

富兰克林听了这一番话，大为感慨，他思考了多日，认识到自己过去的错误，决定从此痛改前非，他告诫自己言行要谦恭和婉，时时慎防做有损别人尊严的事。

不久，富兰克林便从一个说话刻薄、自大看不起人的人，成为受人欢迎爱戴的人脉高手，而富兰克林一生的事业发展也得力于此次谈话。

如果富兰克林不接受这位长辈的劝勉，仍事事一意孤行，不把他人放在眼里，那结果一定不堪设想，美国也会少了一位伟大的领袖。

犹太人认为，自大是极其危险的，自以为是将会使你被周围的人厌恶，给别人留下不好的印象，这样你所能交上的新朋友，永远没有你所失去的老朋友多，直到你被亲朋好友遗弃。

试想做人若到了那种地步，别说发展了，连基本的生活乐趣都没有了。所以，谦虚低调，是一个有涵养的人对自己的基本要求。谦虚低调的人不喜欢装模作样，摆架子，盛气凌人，他们能够虚心向别人学习，正像美国第三届总统托马斯·杰斐逊所说："不傲才以骄人，不以宠而作威。"

杰斐逊出身于贵族家庭，他的父亲曾经是军中的上将，母亲是名门之后。当时的贵族除了发号施令以外，很少与平民百姓交往，因为他们看不起平民百姓。

然而，杰斐逊没有秉承贵族阶层的恶习，而是主动与各阶层人士交往。杰斐逊的朋友中不乏社会名流，但更多的是普通的园丁、仆人、农民或者贫穷的工人。杰斐逊善于向各种人学习，认为每个人都有自己的长处。

有一次，他对法国伟人拉法叶特说："你必须像我一样到民众家去走一走，看一看他们的菜碗，尝一尝他们吃的面包，只要

第二章 犹太人的做人智慧

你这样做了的话，你就会了解到民众不满的原因，并会懂得正在酝酿的法国革命的意义了。"

由于杰斐逊作风扎实，深入实际，虽高居总统宝座，却很清楚民众究竟在想什么，到底需要什么。他与群众关系极为密切，为成为总统打下良好基础。

谦虚低调的人是有自知之明的，他们面对成功、荣誉不骄傲，而是把它视为一种激励自己继续前进的力量，因此，他们不会陷在荣誉和成功的喜悦中不能自拔，他们不会把荣誉当成包袱背起来，或沾沾自喜于一得之功，不再进取。

古希腊著名哲学家苏格拉底，不但才华横溢、著作等身，而且广招门生、奖掖后进。每当人们赞叹他的学识渊博、智慧超群的时候，苏格拉底总是谦逊地说："我唯一知道的就是我自己仍很无知。"

牛顿是科学史上的巨人之一。他发现了万有引力定律，建立了成为经典力学基础的牛顿运动定律；他进行了光的分解并创立了光学；在热力学方面，他确定了冷却定律；在天文学方面，他创制了反射望远镜，考察到了行星运动规律，科学地解释了潮汐现象，预言了地球不是正球体；在数学方面，他是微积分学的创始人……

恩格斯在《英国状况》一文中对牛顿的伟大成就赞叹不已。然而牛顿自己却非常谦逊。在他临终的时候，来探望他的亲朋好友在病榻边对他说："你是我们这个时代的伟人……"牛顿听了"伟人"二字后便摇摇头说："不要那么说，我不知道世人怎样看我，我自己只觉得好像是一个在海滨玩耍的孩子，偶尔拾到了几只光亮的贝壳，但真理的汪洋大海在我眼前还未被认识、被发现。"停顿了片刻，牛顿又说："如果说我比笛卡尔看得远些，那是因为我站在了巨人们的肩膀上。"说完这段话，他平静地闭上了眼睛。

人生在世，最难的也许不是怎么活着，而是应如何为人处事。谦虚是为人处事中最高的，也是最为智慧、最为重要的一种态度。

谦虚的人不居功，不自傲，不要态度，不张扬，不乖戾，谦虚的人敬重人，自律自己；谦虚的人团结人，不欺人，给人亲切感。

古语说：谦谦君子，真君子也。

第三章

犹太人的做事智慧

✡ 目标指引前进的方向

《塔木德》中说："只要有了目标，我们就什么方法都能达到！"

人的一生不能没有一个明确的目标和方向。目标会给人指明前进的方向，也是驱使人不断向前迈进的原动力。一个人若心中没有明确的目标，就会虚耗精力与生命，犹如一个没有方向盘的超级跑车，即使拥有最强有力的引擎，最终仍是废铁一堆，发挥不了任何作用。所以，一个人需要为自己定一个目标，一个能激励自己、给自己希望的目标。

爱因斯坦一生所取得的成功是世界公认的，他被誉为20世纪最伟大的科学家。爱因斯坦之所以能够取得如此令人瞩目的成绩，和他一生具有明确的奋斗目标是分不开的。

爱因斯坦出生在德国的一个贫苦犹太家庭，家庭经济条件不好，加上小学、中学的学习成绩平平，虽然有志往科学领域发展，但他有自知之明，知道必须量力而行。爱因斯坦认为，自己对物理和数学兴趣浓厚，成绩较好，若在物理和数学方面确立目标努力可能有所成就。因此，爱因斯坦在读大学时，选读了瑞士苏黎世联邦理工学院物理学专业。

由于奋斗目标选得准确，爱因斯坦的个人潜能得以充分发挥，他在26岁时就发表了科研论文《分子尺度的新测定》，以后几年他又相继发表了4篇重要科学论文，他发展了普朗克的量子概念，提出了光量子除了有波的形状外，还具有粒子的特性，圆满地解释了光电效应，宣告了狭义相对论的建立和人类对宇宙认识的重大变革，取得了前人未有的显著成就。

可见，爱因斯坦正确确立目标的重要性。假如他当年把自己的目标确立在文学上或音乐上（他曾是音乐爱好者），恐怕他很难取得像在物理学上这么辉煌的成就了。

爱因斯坦是一个善于根据目标的需要进行努力的人，因而他使自己有限的精力得到了充分的利用。爱因斯坦还创造了高效率的定向选学法，即在学习中找出能把自己的知识引导到深处的东西，抛弃使自己头脑负担过重和会使自己偏离既定目标的一切东西，从而能够集中力量和智慧攻克选定的目标。

爱因斯坦从选定目标的那一刻起，就将其作为自己努力奋斗的希望，他倾尽毕生的心血浇灌，这是当今社会上每个年轻人都要学习的。

1952年，以色列国鉴于爱因斯坦科学成就卓越，声望颇高，加上他又是犹太人，当该国第一任总统魏兹曼逝世后，便邀请爱因斯坦接受总统职务，爱因斯坦婉言谢绝了，他坦然承认自己不适合担任这一职务，原因很简单，他觉得这不是自己最初的奋斗目标。

如今很多人要么有许多目标，要么目标飘忽不定，经常是今天想搞学问，明天想创办企业，后天又想做个职业经理人……不确定的目标像一座座空中楼阁，看得见，摸不着。人的目标，必须经过认真思考，切实明确是否适合自己，然后还须坚持不懈，目标才会实现或有大的进展。

有这样一个故事：

一个酷爱自然的人每年10月都要到河边去看野鸭南飞的景观。有一年，他带了一大袋饲料，到河边去喂鸭子。

吃过饲料后，有些野鸭不再辛苦地向南飞了，就在他喂食的河里过冬。此后这个人每年时不时都带饲料来河边喂鸭，到了10月，向南飞的鸭子越来越少，四五年之后，留在本地的鸭子变得又肥又懒，根本就飞不起来了。最终，野鸭们放弃了"南方"那个目标。这些野鸭之所以这样，究其原因，是它们不思进取所致。

人的目标是实现梦想的阶梯和动力。要成功，首先要有一个明确的目标，这样才有努力的方向。人不可能"跳出三界外，不在五行中"，而面对浮躁、功利、奢华、喧嚣，贵在保持清醒和理智，贵在坚守目标，一心一意向目标前行。

有位哲学博士在田野中漫步时，发现水田当中新插的秧苗排列得非常整齐，犹如用尺丈量过一般。他不禁好奇地问田中工作的老农是如何办到的。

老农忙着插秧，头也不抬，要博士自己取一把秧苗插插看。博士卷起裤管，很快地插完一排秧苗，结果参差不齐。他再次请教老农，如何能插一排笔直的秧苗。

老农告诉他，在弯腰插秧的同时，眼光要盯住一样东西，然后朝着那个目标前进，即可插出一列笔直的秧苗。博士依言而行，不料这次插好的秧苗，竟成了一道弯曲的弧形，划过了半边的水田。

博士又虚心地请教老农，老农问他："你的眼光是否盯住了一样东西？"博士答道："是啊，我盯住那边吃草的一头水牛，那可是一个大目标啊！"老农说："水牛边走边吃草，而你插的秧苗也跟着移动，你想，这道弧形是怎么来的？"博士恍然大悟。后来，他选定了远处的一棵大树，结果所插秧苗整齐划一。

目标的果实如同田里排列整齐的种苗。你是愿意拥有一片排列整齐的漂亮秧苗，还是愿意拥有参差不齐、扭曲歪斜的秧苗？

人有目标，实现梦想的路上就不会迷路，选择正确的目标，就可以做出合理的达到目标的规划。

哈佛大学曾对一些人在年少时做过一项研究，结果发现：27%的人没有目标；60%的人目标模糊；10%的人有清晰但比较短的目标；3%的人有清晰且长期的目标，并能把目标写下来，经常对照检查。经过25年的跟踪研究发现：占3%的人，25年来不曾更改过自己的人生目标，朝着同一方向不懈努力，几乎都成了社会各界顶尖的成功人士；占10%的人，大都生活在社会的中上层；占60%的人，生活在社会的中下层面；27%的人，生活在社会最下层。

人与人之间往往只有很小的差异，但这种小的差异却往往造成很不相同的结果，有目标的人成功率比没有目标的人要大很多。所以，建立目标，坚定地朝着目标前行，不受其他旁物的诱惑，就能取得最后的成功。

✡ 永葆乐观的阳光心态

《塔木德》中说:"如果折断了一条腿,你就应该感谢上帝没有折断你两条腿;如果你折断了两条腿,你就应该感谢上帝没有折断你的脖子。"

乐观精神是犹太民族生存下来的精神支柱。很多犹太人总是相信自己有足够的行为能力来承受和减弱原有负面价值对于自己的不良影响,并使原有正面价值发挥出更大的积极效应,因为他们只关心积极的一面,而不关心消极的一面,他们只把积极的一面作为其努力的选择标准。

曾经有过一场被视为"破烂拍卖"的拍卖会。拍卖商走到一把看起来非常旧、非常破、样子磨损得非常厉害的小提琴旁，拿起小提琴，拨了一下琴弦，结果发出的声音跑调了，难听得要命。他看着这把又旧又脏的小提琴，皱着眉头、毫无热情地开始出价，10美元，没人接手；他把价格降到5美元，还是没有反应；他继续降价，一直降到1美元。他说："1美元，只有1美元，我知道它值不了多少钱，可只要花1美元就能把它拿走！"

就在这时，一位头发花白的老人走到前面，问拍卖商能否看看这把琴。老人接过琴，拿出手绢，把灰尘和脏痕从琴上擦去，他慢慢地拨动着琴弦，一丝不苟地给每一根弦调音，然后把这只破旧的小提琴放到下巴上，开始演奏。

美妙的旋律从这把破旧的小提琴上流淌出来。拍卖商向观众问：起价是多少。一个观众说100美元，另一个观众说200美元，就这样，价格一直上升，直到最后以1000美元的价格成交。

为什么有人肯花1000美元买一把破旧的、曾经1美元都没人买的小提琴？因为它已经被调准了音，能够弹出优美的乐曲。

其实，人也像一把小提琴，心态好似琴弦，调整好了心态，别人就不会轻视你的价值。

人生不如意十之有七八。决定人们幸福或不幸、快乐或痛苦的，不是身处的处境，而是心态。人生路上，不管发生了多么令人不愉快的事情，只要保持阳光心态，勇敢地面对，就不会被艰难险阻打败。有一句话值得我们记住：积极的心态像太阳，照到哪里哪里亮。

有位刚毕业的年轻人应征入伍，被分到最艰苦也是最危险的海军陆战队去服役。

这位年轻人自从得知自己被海军陆战队选中的消息后，便显得忧心忡忡。

在大学任教的祖父见孙子一副魂不守舍的模样，便开导他说："孩子啊，这没有什么好担心的。到了海军陆战队，你将会有两个机会，一个是留在内勤部门，一个是分配到外勤部门。如果你分配到了内勤部门，就完全用不着担惊受怕了"。

年轻人问爷爷："那要是我被分配到外勤部门呢？"

爷爷说："那同样会有两个机会，一个是留在美国本土，另一个是分配到国外的军事基地。如果你被分配到和平友善的国家，那不也是件值得庆幸的好事吗。"

年轻人问："爷爷，那要是我不幸被分配到维和地区呢？"

爷爷说："那同样也有两个机会，一个是依然能够保全性命，另一个是完全救治无效。如果尚能保全性命还担心它干什么呢？"

年轻人问："那要是完全救治无效怎么办呢？"

爷爷说："还是有两个机会，一个是作为勇于冲锋陷阵的国家英雄而死，一个是唯唯诺诺躲在别人后面而不幸遇难。你当然会选择前者，既然会成为英雄你还有什么好担心的。"

年轻人听后，笑了，不再恐惧。

是的，就像上面故事中说的那样，无论人生遇到什么样的际遇，都会有两个机会，一个是好机会，一个是坏机会。好机会中藏匿着坏机会，而坏机会中又隐含着好机会。好机会与坏机会，关键是我们以什么样的眼光、什么样的视角去看待它们。如果用乐观豁达、积极向上的心态去看待，那么，坏机会也会转变为好机会；如果用消极、悲观沮丧的心态去对待，那么，好机会也会被看成是不好的机会。

乐观是什么？是一种抱着阳光、积极向上的心态去面对生活的态度。人拥有乐观主义精神，还能让人多一分镇定和从容。镇定和从容是一种优秀的心理素质，是自信乐观的外在表现。即使遭遇困难、忍受失败，也不会自暴自弃，因为心中装着自己的目标，并且坚信胜利一定属于自己。

佛烈德·富勒·须德是费城《告示报》的编辑。有一次，他在大学毕业班演讲，讲后，他忽然问大家："有多少人锯过木屑？"

全场愕然，没有一个人举手。

"当然，你们不可能去锯木屑。"须德说："因为木屑是已经锯下来的。所以过去了的事情也是一样，当你为那些已经做过的事情忧虑重重时，你只不过是在锯木屑而已。"

戴尔·卡耐基先生对"不要去锯木屑"的比喻非常赞赏。卡耐基曾经问81岁高龄的棒球老将杰克·邓普赛："你有没有为输了的比赛烦恼过？"

"噢，有的，我年轻时常常这样。"邓普赛回答说，"可是最近几十年来，我再也不干这种傻事了。"

"为什么是傻事呢？"卡耐基不解地问。

"磨完的粉子不能再磨，水已经把它们冲到底下去了。"

对此，卡耐基感叹良深："磨完的粉子，不能再磨；锯木头剩下的木屑，不能再锯；已经过去的事情，不能再去纠结了！"

是的，我们千万不要忘了——不要去锯木屑。即使我们遭遇生活中失败和挫折，我们也要把忧虑减少到最小的程度，永葆阳光心态，这也是犹太人提出的积极乐观的生活态度的最好印证。

艾青的诗《火把》中有这样三句："我很乐观，因为感伤，并不能把我的命运改变。"

✡ 激发自我效能感

《塔木德》中说:"如果你相信你会成功,成功便会发生,如果你相信你会失败,失败便会找上门。无论如何,我们都是在证明给自己看。"

20世纪70年代,美国当代著名心理学家斯坦福大学心理学系教授阿尔伯特·班杜拉提出了"成功者不一定认为自己最棒,而是相信自己能做到"的理论。他说,成功人士的重要特质之一是拥有"自我效能感"。

"自我效能感"与一般认为的拥有自信心和自尊心还是有很

大区别的。比如自信心，就是一个笼统的"有自信"理念，相信自己还行，相信自己比别人强！自尊心，就是爱自己，自己人格不能侵犯，"面子"无比重要。

而自我效能感是指人不停地从内心激发出持续努力、坚持的勇气。心理学家发现，拥有自我效能感的人，则会不断超越自己，他们似乎并不需要什么"自信"或"自尊"！

很多成功的人，在他们还是不起眼的普通人的时候，就深深地相信，他们能"做到这件事"！他们不仅相信"自己很棒"，而且相信"自己能'做到'这件事"，并且他们一直努力去做，无论出现多么不好的状况，直到把这件事做成功。

心理学家在此过程中还发现，很多成功人士都不是很有自信的人，他们对"面子"之类也不看重，他们最重视的是拥有"自我效能感"！比如：

"我虽然比较笨，但我可以做成这件事！"

"我虽然比较丑，但我偏偏让你们看到我可以做到这件事！"

"我虽然比较穷，但我无论如何都可以做到这件事！"

这些拥有高度"自我效能感"的人，总是认为："成事不在天，而在我本人！我拥有对做事的每一分控制权，我自己能决定做事是否会做成功！"因为有这种把握，所以，即使遇到了挫折和障碍，他们也能够在艰难险阻中继续前行！

有趣的是，有些"有自信"的人，不见得可以做到持之以恒去做事。或许他们就是"太有自信",所以这些人做了一阵子,发现一直在碰壁,于是转身离开,他们会找很多借口,比如,"我这么一个能干的人,为何要在这里被耽误","这件事不适合我做,我换件事情做吧"。还有些人因为"太自信",害怕失败,害怕被他人议论,认为"脸面"重要,结果害怕丢"面子"而失去了很多本来可以成功的机会。

拿破仑·希尔说:"为了有效解决问题,首先你要强烈地相信自己能够做到。"有些事情很多人之所以不愿做到底,只是因为他们想当然地认为做这件事很困难。其实,只要你能拿出勇气坚持下去,也许很快就能排除障碍,铺平走向成功的道路。

哈佛大学曾做过一项关于学习新知识的调查研究,研究人员发现,没有计划过如何完成作业的学生,作业的正确率只有55%,而预先做过详细计划的学生,作业的正确率竟接近100%!

还有一个有趣的心理试验,研究人员把水平相当的足球队员分为三个小组,告诉第一个小组停止练习射门一个月;而第二个小组则要求在一个月之内每天下午在球场上练习射门一个小时;至于第三个小组,他们让这个小组在一个月中每天在自己的想象中练习一个小时的射门。

研究人员在一个月后公布结果:第一组射门的成功率由39%降到37%,第二组射门成功率由39%上升到了41%,这两组的数据都在大家的预料之中,但是第三组的结果却令人感到极为意外：他们射门的成功率由39%上升到了42.5%！

在想象中练习射门技术，怎么能够比实地练习提高得还要快呢？其实这正是他们在思想中模拟成功的效果——在第三组人的想象中，他们踢出的球都进入了球门。

很多成功者就像第三组球员，他们不断地创造或者模拟着他们想要获得成功的经历，这些模拟成功不停地激励着他们，使他们想象自己就是一个成功者，结果，他们就真成为了成功者。而失败者，往往在一次次的失败经历中被失败打倒，此后，在这些屡次失败的人的想象中，更多的是对失败的担心、畏惧，结果，这些人就真的成了失败者。

所以，在前往成功的路上，形象化的设想——或者说在脑海里创造出鲜明的、激动人心的画面——是人们拥有的最有力却没有得到充分使用的工具。很多人在真实生活中从事各种活动时，大脑的思维过程与设想进行的思维过程是相同的。也就是说，人们的大脑认为，设想某件事和实际做某件事之间，在整个思维过程中并无本质区别。

思想具有决定命运和结局的力量，这是一个普遍的真理。伦敦大学的罗勃·博哈利博士在教导智障孩子学习时说："想一个你认识的很聪明的人，然后闭上双眼，想象你就是那个聪明的人。"孩子们照做后，接下来的测试结果显示的分数都有显著提高。

为什么会如此神奇呢？原因是当人如果调动了全部身心，投入到非常生动的想象中去，大脑的潜意识便分辨不出什么是现实，什么是想象，大脑只会按照你在想象时创造的记忆线路，自动下达行动指令，引导你走向你强烈设想的情境。

詹姆斯·纳斯美瑟少校梦想在高尔夫球技上能够突飞猛进，于是他发明了一种独特的方式以达到目标。在此之前，他的水平和一般在周末才练球的人差不多，水准在中下游。但在以后的7年间，他几乎没碰过球杆，没迈进过球场。

7年间，纳斯美瑟少校用了令人惊叹的"先进技术"来增进他的球技——这个"技术"人人都可以效仿。运用这种方法，在他7年后第一次踏上高尔夫球场时，就打出了令人惊讶的74杆，这比他以前打的平均杆数仅低20杆，而他已7年未上场！真是难以置信。

原来，纳斯美瑟少校这7年是在越南的战俘营中度过的。7年间，他被关在一个只有4尺半高、5尺长的笼子里。绝大部分时间他都被囚禁着，看不到任何人，也没有任何人和他说话，他更没有任何体能活动。开始的几个月他什么也没做，只祈求着赶快脱身，后来他意识到必须发明某种方式，使之占据心灵，不然他会发疯或死掉，于是他学习建立了"心像"术。

在他的心中，他选择了最喜欢的高尔夫球，他开始想象着打起了高尔夫球。每天，他在幻想中的高尔夫乡村俱乐部打18洞。他看见自己穿着高尔夫球装，闻到了绿树的芬芳和草的香气。他还尝试着体验不同的天气状况，在他的想象中，球台、草、树、啼叫的鸟、跳来跳去的松鼠、球场的地形都历历在目。他感觉自己手握着球杆，练习各种推杆与挥杆的技巧。他看到球落在修整过的草坪上，跳了几下，滚到他所选择的特定点上，而这一切都在他心中发生。

在很多人看来，詹姆斯·纳斯美瑟少校的"心像"术是一种徒劳无功、不切实际的幻想，但实际上，这种"心像"的建立是需要热爱生活、追求理想的力量来支撑的。

这听起来不可思议吗？可它就是事实。当你每天在脑海里预演实现目标的情景时，首先，这种方法会使你大脑的网状系统得到调整，让你调动任何"能帮助你实现目标"的因素，同时使你抛弃那些干扰你成功路线的因素。其次，这种方法会刺激你的潜意识，让你的思维变得活跃起来，一些能够达成理想目标的方法便会创造出来。最后，形象化设想能够提高你的积极主动性，使你更加自信。而结果，你会发现自己能完成很多以前自己不敢去做或认为不能做到的事情。

英国小说家毛姆曾说："人生实在奇妙，如果你坚持只要最好的，往往都能如愿。"人的每一个梦想，只要持之以恒地努力，就会梦想成真。无论环境如何困苦，只要你不向逆境低头，只要你敢于去行动就可获得成功，就没有什么不能实现。

拿破仑·希尔曾经做过一个这样的试验，他问一群学生：

"你们有多少人觉得我们可以在30年内废除所有的监狱？"

学生们觉得不可思议，他们怀疑自己听错了。

一阵沉默后，拿破仑·希尔又重复了一遍："你们有多少人觉得我们可以在30年内废除所有的监狱？"

确信拿破仑·希尔不是在开玩笑之后，马上有学生站起来大声反驳："这怎么可以，要是把那些杀人犯、抢劫犯以及强奸犯全部释放，你想想会有什么可怕的后果？这个社会别想得到安宁了。无论如何，监狱是必须存在的。"

其他学生也开始七嘴八舌地议论："我们正常的生活会受到威胁。""有些人天生心肠坏，改不好的。""监狱可能还不够用呢！""天天都会有犯罪案件发生！"

甚至还有学生说有了监狱，警察和狱卒才有工作做，否则他们都要失业了。

拿破仑·希尔并不认可，他接着说："你们说了各种不能废除的理由，现在，我们来试着相信可以废除监狱，假设可以废除，我们该怎么做。"

学生们勉强把这个话题当成试验，他们开始静静地思索。过了一会儿，有学生犹豫地说："成立更多的青年活动中心，应该可以减少犯罪事件。"

不久，这群在10分钟以前持反对意见的人，开始热心地参与了话题的讨论，纷纷提出了自己认为可行的措施。"先消除贫穷，低收入阶层的犯罪率高。""采取预防犯罪的措施，辨认、疏导有犯罪倾向的人。""借医学方法来医治某些罪犯。"……最后，学生们总共提出了78种设想。

科学家说："心像"的力量不容低估。在人的潜意识中，心像是存在的，只是人们常常开动自己的"显意识"，对潜意识中的"心像"不在意。

所以，必须在内心树立一个坚定的信念：我一定能成功，我一定能打开自己的心像力，即发掘更多的潜能。

在很大程度上，我们的想法决定了做事的结果。所以当你认为某件事不可能做得到时，你的大脑就会为你找出种种做不到的理由。但是，当你真正相信某一件事确实可以做到，你的大脑就会帮你找出能做到的各种方法。

✡ 机会是人创造的

《塔木德》中说:"每个人的机会都一样多,但是每个人对机会的识别和把握能力是不同的。"

犹太人认为,人的一生难免遇到逆境,当逆境到来的时候,你或许会感到无能为力,不知所措,也可能会抱怨命运的不公,但不管怎样,千万不能悲观失望,一定要尽自己最大的努力去寻找属于改变的新机遇。

有这样一个男人。他从记事起,就知道父亲是个赌徒,母亲是个酒鬼。父亲赌输了,打完母亲再打他;母亲喝醉后,同样也是拿他出气。拳打脚踢中,他渐渐地长大了,但经常是鼻青脸肿,甚至皮开肉绽。好在那条街上的孩子大都与他一样,成天不是挨打就是挨骂。

像周围大多数的孩子一样,他跌跌撞撞上到高中时,便辍学了。接下来,街头鬼混的日子让他倍感无聊,而那些绅士淑女们蔑视的眼光更让他觉得自惭形秽。他一次次地问自己:这样下去,自己不是和父母一样了吗?成为社会垃圾、人类渣滓,带给别人留给自己的都是痛苦。难道自己一辈子就在别人的白眼中度过吗?

在一次又一次的痛苦追问后,他下定决心走一条与父母迥然不同的道路。但自己又能做些什么呢?他长时间地思索着。从政,可能性几乎为零;进大企业去发展,学历与文凭是不可逾越的高山;经商,没有本钱……最后,他想到了去当演员。这一行既不需要学历,也不需要资本,对他来说,实在是条不错的出路。可他有当演员的条件吗?相貌平平,又无表演天赋,再说他也没受过什么专业训练!然而,决心已下,他相信自己能吃世间所有的苦,他准备定下目标就永不放弃。

他开始了自己的"演员"之路。他来到了好莱坞,找明星,找导演,找制片,向一切可能使他成为演员的人恳求:"给我一个机会吧,我一定会演好的!"很不幸,他一次又一次地被拒绝了,但他并未气馁。他知道,失败一定是有原因的,每被拒绝一次，他就认真反省、检讨，然后再度出发，寻找新的机会。为了维持生活，他在好莱坞打零工，干些笨重的零活。

两年一晃而过，他遭到了1000多次拒绝。

面对如此沉重的打击，他暗自垂泪："难道真的没有希望了吗？难道赌徒酒鬼的儿子就只能做赌徒酒鬼吗？不行，我必须继续努力！"

他想，既然直接做演员的道路如此艰难，那么能不能换一个方法呢？他尝试着"迂回前进"：先写剧本，待剧本被导演看中后，再要求当演员。

毕竟，现时的他已不是初来好莱坞的"门外汉"了，两年多的耳濡目染，每一次拒绝都是一次学习和一次进步……他大胆地动笔了。

一年后，剧本被写了出来，他又拿着剧本遍访各位导演："这个剧本怎么样？让我当主演吧！"很多导演认为他的剧本还可以，但让他这样一个无名之辈做主演，那简直是天大的玩笑。不用说，他又一次被拒之门外。面对拒绝，他不断地鼓励自己："不要紧，也许下一次能行，下下一次……"

在他又遭到1300多次拒绝后，一位曾拒绝了他20多次的导演对他说："我不知道你能不能演好，但你的精神让我感动，我可以给你一个机会。我要把你的剧本改成电视连续剧，不过，先只拍一集，让你当男主角，看看效果再说；如果效果不好，你便从此断了当演员的念头吧。"

为了这一刻，他已做了3年多的准备，机会是如此宝贵，他怎能不全力以赴？3年多的恳求，3年多的磨难，3年多的潜心学习，让他将生命融入了自己的第一个角色中。后来幸运女神对他露出了笑脸。他的第一集电视剧创下了当时全美的最高收视纪录——他成功了！

现在，他已经是世界顶尖的电影巨星——他就是大家熟悉的史泰龙。

一个人要想干成一番事业，难免会遭遇挫折，遭逢困难和艰辛。然而，挫折、困难、艰辛只能吓住那些性格软弱的人，对于真正坚强的人来说，任何难题都难以迫使他就范。相反，困难越多，对手越强，他们就越感到拼搏有劲道。而机遇也是为有拼搏的人准备的。

机遇总是隐藏在人的周围琐碎小事里，抱怨是没有用的，发现机会、把握机会，再平凡的人也能做出不平凡的事来。

其实，从大多数成功犹太人的创业经历中我们也可以发现，很多商机往往隐藏在挫折之中，关键看你是否能够通过挫折的考验而最终加入进强者的行列中。

19世纪中叶，发现金矿的消息从美国加州传来。许多人认为这个发财的机会千载难逢，于是纷纷奔赴加州。17岁的犹太人亚默尔也成为这支庞大的淘金队伍中的一员。

淘金梦的确很美，做这种梦的人也比比皆是，而且还有越来越多的人纷至沓来，一时间加州遍地都是淘金者，而金子却变得越来越难淘。

不但金子难淘，淘金者的生活也越来越艰苦。当地气候干燥，水源奇缺，许多淘金者不但没有圆致富梦，反而丧身此处。亚默尔经过一段时间的努力，和大多数人一样，不但没有得到黄金，反而被饥渴折磨得半死。

一天，望着水袋中一点儿也舍不得喝的水，听着周围人对缺水的抱怨，亚默尔忽发奇想：淘金的希望太渺茫了，还不如卖水呢。于是亚默尔毅然放弃了淘金，将手中挖金矿的工具变成挖水渠的工具，从远方将河水引入水池，用细沙将水过滤，使之成为清凉可口的饮用水。

然后亚默尔将水装进桶里，一壶一壶地卖给淘金的人。当时有人嘲笑亚默尔，说他胸无大志："千辛万苦地来到加州，不挖金子发大财，却干起这种蝇头小利的小买卖，这种生意哪儿不能干，何必跑到这里来？"

亚默尔毫不在意，继续卖他的水。哪里有这样的好买卖？把几乎无成本的水卖出去。哪里有这样好的市场？所有的淘金者都需要喝到用以救命的水。结果，很多淘金者空手而归，而亚默尔却在很短的时间内靠卖水赚到了几千美元，这在当时是一笔非常可观的财富。

在困难面前能否有迎难而上的勇气，取决于是否有和困难拼搏的心理准备，也取决于是否有依靠自己的力量克服困难的坚强决心。许多人在困境中之所以变得沮丧，是因为他们原先并没有与困难作战的心理准备。当他们受挫、陷入困境时，便张皇失措，或怨天尤人，或到处求援，或借酒消愁，而这些做法只能瓦解自己的意志和毅力，客观上帮助困难打倒自己；还有的人，面对不易克服的困难不愿竭尽自己的全力，到处给自己找放弃的理由："不是我不努力，而是困难太大了。"这种"天亡我，非战之罪也"的归因所保护下来的不是征服困难的勇气和决心，而是怯弱和灰心。不言而喻，这种人也永远找不到战胜挫折的方法。

一个年轻人在飞跑，一个人拦住了他，问道："小伙子，你为何行色匆匆？"小伙子头也不回，飞快地向前奔跑着，只冷冷地甩了一句："别拦我，我在寻找机会。"

转眼20年过去了，小伙子已经成了中年人，他依然在路上疾驰。一个人拦住他："喂，伙计，你在忙什么呀？""别拦我，我在寻找机会。"

又是20年过去了，这个中年人已经变成了面色憔悴、两眼昏花的老人，他还在路上挣扎着向前挪动。一个人拦住他："老人家，你还在寻找你的机会吗？""是啊。"当老头回答完这句话后，猛地一惊，一行眼泪掉了下来。

原来刚才问他问题的那个人，就是机遇之神。他寻找了一辈子，可机遇之神实际上就在他的身边。

由此可见，机会需要寻找，机会需要挖掘。很多人抱怨自己命不好，没有发财致富的机会，还有些人认为自己没有机会，其实，机会的得来靠自己，机会的创造也靠自己，寻找"机会"并不单单只靠运气，要靠敏锐的眼光、迅捷的行动和坚持不懈的奋斗毅力。

工作是第二生命

《塔木德》中说:"人有工作,便有福气。"

犹太人认为,无论做哪一行,你都必须要尊重自己的工作,这样才能成为行业精英,才能赚到这一行的钱。

工作是每个人生活中的一部分,因为工作,人获得了幸福;因为工作,人获得了快乐;因为工作,人获得了生活中物质上的享受;因为工作,人获得了所有的一切。所以,用好的心态去对待工作,认真工作,享受工作所带来的金钱、乐趣,享受自己成长的喜悦。

纳尔逊中学是美国一所古老的中学，它是由第一批登上美洲大陆的73名教徒集资创办的。在这所中学的大门口，有两尊用苏格兰黑色大理石雕成的雕像，左边是一只苍鹰，右边是一匹骏马。300多年来，这两尊雕塑成了纳尔逊中学的标志。它们或被刻在校徽上，或被印在明信片上，或被微缩成微雕摆放在礼品盒中。许多人以为鹰代表着"鹏程万里"，马代表着"马到成功"。可是，仔细研究历史后，了解了这两尊雕像的起缘后，就会发现，根本不是那么回事儿。

那只鹰所代表的不是"鹏程万里"，它其实是一只被饿死的鹰。这只鹰为了实现飞遍世界的远大理想，苦练各种飞行本领，结果忘了学习觅食的技巧，它在踏上征途的第四天就被饿死了。

那匹马也不是什么千里马，而是一匹被剥了皮的马。开始的时候这匹马嫌它的第一位主人——一位磨坊主给的活多，乞求上帝把它换到一位农夫家。上帝满足了马的愿望，可是后来它又嫌农夫给它的饲料少。最后马到了一位皮匠手里，在那儿什么活儿也不用干，饲料也多，可是没几天，它的皮就被剥了下来。

那73名教徒之所以把这两尊雕塑耸立在学校的大门口，为的是让学生们警醒。真正能把人从饥饿、贫困和痛苦中拯救出来的，是工作，是劳动和生存的技能，而不仅仅是懂得书本知识的多与寡！因为空洞的知识必须和实践紧密结合才有价值。

一个人所做的工作是他人生态度的表现，他一生的职业是他志向的展示、理想的所在。所以，了解一个人的工作态度，在某种程度上就了解了那个人。看一个人能否做好事情，主要是看他对待工作的态度。

著名管理专家威迪·斯太尔曾说："每个人都被赋予了工作的权利，一个人对待工作的态度决定了这个人对待生命的态度，工作是人的天职，是人类共同拥有和崇尚的一种精神。"是的，当我们把工作当成一项使命时，就能从中学到更多的知识，积累到更多的经验，就能从全身心投入工作的过程中找到快乐，实现人生的价值。

工作态度"好坏"或许不会有立竿见影的效果，但可以肯定的是，当"轻视工作"成为一种习惯时，其结果可想而知。人在工作上的日渐平庸虽然表面上看起来只是损失一些金钱或时间，但是对整个人的一生将会留下无法挽回的遗憾。

下面是美国石油大王洛克菲勒写给儿子约翰的一封信，在信中他告诫儿子："如果你视工作为一种乐趣，人生就是天堂；如果你视工作为一种义务，人生就是地狱。"这是多么积极的工作观，相信每个人看了都会从中受益。他是这样说的：

"亲爱的约翰：

"我可以很自豪地说，我从未尝过失业的滋味，这并非我运气好，而是因为我从不把工作视为毫无乐趣的苦役，我总能从工作中找到无限的快乐。

"我认为，工作是一项特权，它带来比维持生计更多的事物。工作是所有生意的基础，所有繁荣的来源，也是天才的塑造者。工作使年轻人奋发有为，工作是为生命增添味道的食盐。人们必须先爱它，然后工作才能给予我们最大的恩惠，从而让我们获得最大的成功。

"我初进商界时，时常听说，一个人想"爬"到高峰需要牺牲很多。然而，岁月流逝，我开始了解到很多正爬向高峰的人，并不是在付出代价。他们努力工作是因为他们真正地喜爱工作。任何行业中往上爬的人都是全身心地投入到正在做的事情中，他们衷心喜爱从事的工作，自然也就容易取得成功了。

"热爱工作是一种信念。怀着这个信念，我们能把绝望的大山凿成一块希望的磐石。

"但有些人显然不够聪明，他们有野心，却对工作过分挑剔，一直在寻找"完美的"雇主或工作。事实是，雇主需要准时工作、诚实而努力的雇员，他只将加薪与升迁的机会留给那些格外努力、格外忠心、格外热心、花更多时间做事的雇员，因为他在经营生意，而不是在做慈善事业，他需要的是那些更有价值的人。

"我永远也忘不了我的第一份工作的经历。那时，我虽然每天天刚亮就得去上班，而办公室点着的油灯又很昏暗，但那份工作从未让我感到枯燥乏味，反而很令我着迷和喜悦，连办公室里的一切繁文缛节都不能让我对它失去热心，而结果是雇主总在不断地为我加薪。

"收入只是你工作的副产品,做好你该做的事,出色地完成你该做的工作,理想的薪金必然会来。我们劳苦的最高报酬,不在于我们所获得的,而在于我们会因此成为什么样的人。那些头脑活跃的人拼命劳作绝对不是只为了赚钱,使他们工作热情得以持续下去的东西要比只知敛财的欲望更为高尚,他们在从事一项迷人的事业。

"老实说我是一个野心家,从小我就想成为富人。对我来说,我受雇的休伊特·塔特尔公司是一个锻炼我的能力、让我一试身手的好地方。这家公司代理各种商品销售,拥有一座铁矿,还经营着两项让它赖以生存的事业,那就是给美国经济带来革命性变化的铁路与电报。

"这份工作把我带进了妙趣横生、广阔绚丽的商业世界,让我学会了尊重数字与事实,让我看到了运输业的强大生命力,更培养了我作为商人应具备的能力与素养。

"所有的这些都在我以后的经商中发挥了极大的效能。我可以说,没有在休伊特·塔特尔公司的磨炼,在事业上我或许要走很多弯路。

"现在,每当想起休伊特·塔特尔公司,想起我当年的老雇主休伊特和塔特尔两位先生时,我的内心就不禁涌起感恩之情。那段工作生涯是我一生奋斗的开端,为我打下了奋起的基础,我永远对那三年半的经历感激不尽。

"所以，我从未像有些人那样抱怨自己的雇主，说：'我们只不过是奴隶，我们被雇主踩在脚下。他们却高高在上，在他们美丽的别墅里享乐。他们的保险柜里装满了黄金，他们所拥有的每一块钱，都是压榨我得来的。'

"我不知道这些抱怨的人是否想过，是谁给了你就业的机会？是谁给了你建设家庭的可能？是谁让你得到了发展自己的可能？如果你已经意识到了别人对你的压榨，那你为什么不结束压榨，一走了之？

"工作是一种态度，它决定了我们快乐与否。同样是石匠，同样在雕塑石像，如果你问他们：'你在这里做什么？'他们中的一个人可能就会说：'你看到了嘛，我正在凿石头，凿完这个我就可以回家了。'这种人永远视工作为惩罚，从他嘴里最常说的一个字就是'累'。

"另一个人可能会说：'你看到了嘛，我正在做雕像。这是一份很辛苦的工作，但是酬劳很高。毕竟我有太太和四个孩子，他们需要温饱。'这种人永远视工作为负担，从他嘴里经常说的一句话就是'养家糊口'。

"第三个人可能会放下锤子，骄傲地指着石雕说：'你看到了嘛，我正在做一件艺术品。'这种人永远以工作为荣，以工作为乐，在他嘴里最常说的一句话是'这个工作很有意义'。

"天堂与地狱都是自己建造的。如果你赋予工作意义，不论工作的内容如何，你都会感到快乐。自我设定的成绩不论高低，都会使你对工作产生乐趣。如果你不喜欢做的话，任何简单的事都会变得困难、无趣。当你叫喊着这个工作很累人时，即使你不卖力气，你也会感到精疲力竭，反之则大不相同。

"约翰，如果你视工作为一种乐趣，人生就是天堂；如果你视工作为一种义务，人生就是地狱。检视一下你的工作态度，那会让我们都感到愉快。

"人都有权利去选择一份自己心中热爱的事业，但事业需要我们用所有的热情去浇灌。身在职场，不论职业的平凡与否，位置的高或低，我们都要对所做工作加以尊重。"

一个成功者之所以成功是有原因的，看了洛克菲勒教育儿子树立正确工作态度的书信，你的内心有何感受？是否也为此受到了巨大的震撼？当然你过去对工作的态度如何，并不重要，毕竟那是已经过去的事了；重要的是，从现在开始，尊重你的工作，用心对待你的事业，这也是对你自己的人生负责！

✡ 不能苛求自己

《塔木德》中说："把你承受的容积放大些，味道就不一样了。"

很多人说，宽容自己挺容易的，宽容别人就比较困难。但其实宽容自己也并不容易。还有些人认为自己是最不值得宽容的，于是总给自己许多压力，其实这样做是错误的，一个人如果连自己都不能宽容，那又怎能宽容他人呢？

卜劳恩是德国著名的漫画家，他曾有一段时间极为消极，后来他看了儿子和自己的日记后大受启发，一下子转变了生活态度。

"5月6日，星期一。真是个倒霉的日子。工作没找到，钱也花光了，更可气的是儿子又考砸了，这样的日子还有什么盼头？"（卜劳恩）

"5月6日，星期一。早上去上学的时候，我扶一位盲眼老奶奶过了马路，心情很好。只是这次考试不大理想，但当我把这个消息告诉爸爸，他却没有责备我，而是深深地看了我一眼，使我深受鼓舞。我决定努力学习，争取下次考好，不辜负爸爸的期望。"（克里斯蒂安）

"5月15日，星期天。这个该死的山姆，又在拉他的破小提琴，好不容易有个休息日，又被他吵得不得安宁。这样下去，我非报警没收了他的小提琴不可。"（卜劳恩）

"5月15日，星期天。山姆大叔的小提琴拉得越来越好了，我想，有机会我一定要去向他请教，让他教我拉小提琴。"（克里斯蒂安）

当卜劳恩看了自己和儿子的日记后，半天不语。他不知道自己从什么时候开始，竟变得如此悲观消极，难道自己对生活的承受力还不及一个孩子？他开始变得积极、乐观，努力去寻找工作。

他在工厂短暂工作过，后来给很多杂志画过插图，他画的连环漫画《父与子》被誉为德国幽默的象征，受到了人们的高度赞扬，声誉远远超越了国界。

有记者采访他，要他证实成就的取得是否因为看了某个大师的书，卜劳恩说："真正的大师是我儿子。"

宽容自己，就会理解天空需要朵朵白云的点缀；宽容自己，就能明白青松翠柏需要丛丛野花来衬托；宽容自己，能体会到生命不是活给别人看的，自己给社会创造价值才是有意义的。人生的精彩与否，其实全在自己的体会。

犹太人身上有种种美德。比如：宽容、谅解是其中一种，从更深层意义讲，他们不仅做到了对自己宽容、谅解，也做到了对别人宽容与谅解。

宽容自己，就是放下过去的"包袱"，开始新的征程，而全身心"放下"，你会发现生活的道路越走越宽，努力奋斗的精神更加昂扬，快乐也就油然而生了。

每个人都有缺点，面对自己的缺点，不能视而不见或拒绝承认；也不能自暴自弃，惩罚自己，讨厌自己、否认自己。一个人若是真正热爱生活，就会积极地呵护自己的心灵健康，坦然面对自己内心的各种问题，接受真实的自己，不伪装，有气量，用宽阔的胸怀容纳自己以及世界。

世界是一面镜子，你宽容，世界就会广阔。人心也是这样，宽容会让心放松。当然，宽容自己绝不等于放任自流，更不是在失败时为自己找冠冕堂皇的理由。宽容自己，是要给自己"喘气"的机会，为下一次奋斗积蓄能量，从而获得更好的发展。尽管一个人很难达到完美，但也要有目标或理想，适当地宽容自己的失败就是要把过去看作宝贵的人生经验和教训，总结自己的不足，学会提高自己和锻炼自己。

有一部美国电影，说的是一位抱着音乐家的梦想的姑娘为生计所迫，嫁给了一位勤劳朴实的农夫。家庭的重负使她失去了实现自己梦想的机会，但她不能释怀，为此，她把梦想寄托在极富音乐天资的女儿身上。女儿终于考上了纽约音乐学院，她欣喜若狂。

然而女儿却执意要辍学，去做一名农夫的妻子。母亲痛心疾首，追问女儿为什么要如此。

女儿说："我知道如果我不去考音乐学院，您就永远不会放过我。您希望我来实现您的梦想，这其实是执着于你当年未能实现的夙愿。可我的梦想只是要做我爱的人的妻子。也许我的梦想和您的梦想相比显得太渺小了，太卑微了，可是妈妈，我真的希望和他拥有自己的孩子与土地。我决不把自己的梦想遗传给自己的女儿，因为她会有自己的梦想。妈妈，为什么您就不能宽待自己的心灵，放下心中的纠结呢？"母亲沉默了。

生活中，如果我们的梦想因为现实而受阻过，请打开心灵的枷锁，学会宽容自己，我们也不要苛求别人，即使是我们的亲人。纪伯伦说："一个伟大的人有两颗心，一颗心流血，一颗心宽容。"宽容自己，不是懦弱的表现，也不是逃避现实，而是善于生活的智慧。我们无法确定生活每天是给我们惊喜还是意外，但可以确定的是，当拥有了一颗宽容的心，幸福、快乐无论早晚，总会来敲门。所以，当我们面对自己苦苦纠结的事时，当我们受了"天大"的委屈时，当我们不被他人理解时……不要再苛求自己了，适当地放宽心吧，你将发现天高海远，世界美好！

✡ 选择利于自己的环境

《塔木德》中说:"决定人们一生成就的重要因素,不是所谓的'命运',而是每个人身处的环境。"

环境,是一种潜移默化的力量,这种力量非常大,在一定程度上会影响人的一生。比如,人在一个充满爱的环境下,会懂得自爱并且学会爱人;比如,人在一个充满怨恨的环境中生活,则很容易变得自私、怨毒。

环境可以塑造一个人,也可以毁灭一个人。如果生活在一个益于成长的大环境,人便能更好地成长,更好地发挥自己的才能；如果生活在一个不宜成长的狭小封闭环境中，受环境影响，人则无法施展自己的才能，心胸狭窄，遇事常常会自暴自弃。

《三字经》有云："昔孟母，择邻处"，讲的便是孟母为孟子选择利于成长环境的故事。

孟子的父亲去世得早，他由母亲抚养长大。相传，孟子小时候，和母亲住在墓地旁边，经常会看到穿着孝服的丧葬队伍，唱着送葬的曲子，大声地哭泣。孟子和小伙伴们觉得很好玩，就模仿大人们的样子，跪拜，哭嚎，还用树枝在地面挖个洞，然后将一块石头埋了。孟子的母亲看到后，非常生气，第二天就带着孟子搬迁到了市集，住在了一家杀猪屠户旁边。

哪知，天生喜欢模仿的孟子，不久就开始学习商人做起买卖来，和小伙伴们玩开了迎客、待客、与客人商议价格，样样皆通，表演得有板有眼。母亲看在眼里，急在心里，生怕孩子就这样被耽误了。很快孟母又携孟子再次搬家。

这次孟子一家搬迁到一所学校旁边。每天听着朗朗的读书声，看着学生们在老师的带领下摇头晃脑地读书的样子，孟子也情不自禁地模仿起来。母亲这才舒心地笑了：这才是我们应该住的地方呀。

孟母择邻而居，后人把她和北宋文学家欧阳修的母亲、抗金名将岳飞的母亲、晋代名将陶侃的母亲同列为母亲的典范，号称中国"四大贤母"。

第三章 犹太人的做事智慧

孟母的伟大就在于，她充分意识到了外在环境对一个人成长的重要性。所谓"近朱者赤，近墨者黑"的道理也在于此。不光孟母，古今成大事者，很多都是充分意识到了环境的重要性，而有意识地选择有利于自己成长的环境。战国时期的李斯也是一例。

据说，李斯还没做秦国宰相前，在乡里做一个小官。有一天他上厕所时，无意中发现，厕所中的老鼠吃的都是些不干净的东西，而且它们还得偷偷摸摸鬼鬼祟祟地吃，一听到动静，就赶紧躲起来。李斯想起粮仓中的老鼠，它们过的可是截然不同的生活：每天享用着吃不完的粮食，住在大屋子里，从来不用担心会受到人的惊扰。由此，李斯感慨道：一个人到底能否成才，就像这老鼠一样，关键在于身处什么样的环境。于是李斯开始跟荀子学习帝王之道，学成后，又在秦国找到了用武之地，终于成才。

有句著名的成语：橘南北枳，意思是"橘生淮南则为橘，生于淮北则为枳"，指同一事物因环境条件不同而发生变异。人的心灵是可以塑造的，生活在一个好环境，不仅利于身体健康，心理健康，还会增加幸福感。所以，我们每个人都应该有意识地去寻找、选择和创造最适合自己成长的环境，不断完善和充实自己。

国外科学家对幼鼠的实验也表明了外界环境的重要性。科学家在实验中发现，缺乏母爱的幼鼠比那些受到母亲爱护的幼鼠有更强的恐惧心理。为了弄清其中原因，科学家在那些缺乏母爱的母鼠生下幼鼠后，将其中几只交由那些充满爱心的母鼠抚养，剩下几只则由母鼠自己抚养长大。

结果发现，充满爱心的母鼠抚养的幼鼠，其恐惧心理要比那些缺乏母爱者抚养的幼鼠弱得多。

由此可见，环境的影响是巨大的，所以我们切勿等闲视之，我们应时时检查自己所处的环境能否帮助我们好好成长，环境中是否充满了积极的正面的力量，环境中是否有带领我们前行的人。

美国南部某州，每年都举行一次南瓜大赛。一位犹太农夫年年都是金奖得主，而且每次得奖后，都会把种子分给邻居，从不吝惜。有人问他为什么如此好心，不怕别人超过自己吗？他说："我这样做其实是在帮自己。"

原来，这位农夫的土地与邻居们的土地相连，如果别人家的南瓜品种都很差，蜜蜂在传花授粉时，势必使他家的南瓜受到影响，这样也培养不出优质的南瓜。

其实人的成长也如培育果实一样，难免会受到周围人的影响。如果你周围都是平常人，在大环境的影响下，你可能也会变成平常人；假如你的对手都很弱小，你因缺少有力的挑战，你也可能变得弱小。

我们虽然很难改变外界环境，但可以选择好的环境。我们应该选择与乐观向上的人在一起，与优秀的人在一起，与心存远大志向的人在一起，与心地善良的人在一起，与身心健康的人在一起，与志同道合的人在一起，这样大家互相影响，互相帮助，互相学习彼此的长处，共同进步。

中国近代著名文学家林纾在《畏庐琐记》中，记载了这样一个小故事：

有一户富裕人家，拥有万贯家财。一天主人突发奇想，建了一栋大房子，砌了三道围墙，从各地找了20多位哑女，然后收养了一些很多被弃婴儿和由于家庭贫困无力抚养而遗弃的婴儿，让哑女们来哺育这些婴儿。

婴儿和哑女不能和外界有任何接触，他们的食物每天由专人从外面运进来。6年后，孩子们都长大了，他们都不会说话，只会通过"呦呦"的叫声来做简单的沟通。又过了4年，主人命令将这些孩子从大房子中放出来，使这些孩子可以和外界接触。结果不到一个月，这些孩子都会说话了。

看看，环境改变人的力量！语言本来就是人们和外界交流的工具，人的性格是在长期的生活环境中和社会实践中逐步形成的，客观环境的变化往往会使人的性格发生显著的变化。物以类聚，人以群分，选择好的工作和生活环境，对人的气质培养至关重要。比如，在军营里成长的人就有一股军人气质；在大学教书时间长了，就有一种学者风范。同理，经常与地痞流氓在一起的人，就会染上一身流氓习气。因此，想要成为气质高雅的人，就要与气质高雅的人长时间接触，这正是"亲君子、远小人"之理。

人要学会辨别是非，环境对人的成长具有难以抗拒的影响作用，所以如果你想要乐观向上，那就不要和消极悲观的人来往，消极悲观的人会把负面的情绪传染给你；如果你想让内心溢满爱的芬芳，就要选择和那些善良、懂得尊重别人的人交往，这样，假以时日，你会发现，你跟这些人的言行越来越像。

当然，人的发展除了受客观环境的影响，也需要人的主观因素起作用。两个人志同道合，才会一拍即合；而价值观相同，就能一路同行。价值观没有对错，但人跟人的价值观是不一样的。如果你身边人的价值观与你的截然不同，你们在同一件事上就会很难达成一致。

很多时候，一个人与环境格格不入，不一定是这个人做错了什么，也许是环境不适合这个人。举个例子，如果你是个上进的人，而你所在的环境中都是爱玩的人，在他们玩的时候，叫你玩你不玩，那么，在他们眼里，你就是格格不入的人，那么，你做错了吗？如果没被他们影响还好，如果受到影响了呢？你是变得更对了还是更错了呢？反过来，如果你是个爱玩的人，而你所在的群体都是以工作为第一的人，别人在努力工作的时候，就你一个人玩，时间长了，你会受影响吗？一定会！

战国荀子在《劝学》中说:"居必择乡,游必就士。"意思是(君子)居住必定选择风俗醇美之乡,交游必须接近贤德之士。人创造环境,环境也改造着人。

所以,不管你现在身处怎样的环境,只要环境对你的发展不利,而你又没有办法改变环境,那么,你就需要选择适合自己的环境,不能被动地在不合适的环境里把一生"葬送";如果你认为自己当下所处的环境无法令你有大发展,你可以去寻找一个能让自己有发展的新环境,使自己的潜能得以激发,进步则必然如期而至。

第四章

犹太人的交际智慧

✡ 礼貌热情对待他人

《塔木德》中说:"请保持你的礼貌和热情,不管对上帝,对你的朋友,还是对你的敌人。"

两个素不相识的人,第一次见面时彼此留下的印象,会产生"首因效应",亦称"第一印象效应"。

美国心理学家洛钦斯于1957年首次采用实验方法研究首因效应。洛钦斯设计了四篇不同的短文,分别描写一位名叫杰姆的人:第一篇文章整篇都把杰姆描述成一个开朗而友好的人;第二篇文章前半段把杰姆描述得开朗友好,后半段则把他描述得孤僻而不友好;第三篇与第二篇相反,前半段说杰姆孤僻不友好，后半段却说他开朗友好；第四篇文章全篇将杰姆描述得孤僻而不友好。

洛钦斯请四个组的被试者分别读这四篇文章，然后让这些被试者在一个量表上评估杰姆的为人是否友好。结果显示，人们阅读开朗友好的描写在先的文章时，评估为"友好"的人为78%；反之，评估为"友好"的人则降至18%。通过这个例子，洛钦斯证明了"首因效应"在人际交往中的重要性。

"首因效应"就是说人们根据最初获得的信息所形成的印象不易改变，甚至会影响对后来获得的新信息的判断。

实验证明，人们对别人形成的第一印象是难以改变的。很多人往往习惯于依靠第一印象来评价一个人。比如，我们在决定是否与他人合作之前，总是先习惯性地用审视的眼光打量对方，如果对对方的印象好，就会很乐意与之合作。

"首因效应"在人际交往中起着非常微妙的作用，所以准确地把握它，定能帮助你给自己的事业开创良好的人际关系氛围。

精明的犹太人将"首因效应"巧妙地运用到他们的企业形象设计和经商过程中。犹太人有这样一句话："人在自己的故乡所受的待遇视风度而定，在别的城市则视服饰而定。"也就是说，在故乡，人们对熟人的评价并不受衣着的影响，因为人们了解这个人。但是一个人如果到了他乡，往往会被当地人"以貌取人"，所以，要多通过言谈举止多去了解对方。

20世纪30年代欧洲某国的一个小乡村里，住着一位犹太传教士，他每天早晨按时到一条乡间小路散步，无论在路上见到任何人，他都会面带微笑并热情地打一声招呼："早安。"

有一个叫阿米勒的年轻农民，起初对犹太传教士这声问候的反应特别冷漠。因为在当时，当地的居民对犹太传教士和犹太人态度都很不友好。

然而，年轻农民的冷漠并未改变犹太传教士的热情。每天早上，犹太传教士在遇到这个一脸冷漠的年轻农民时仍道一声"早安"。

就这样，年复一年，犹太传教士在这个村子里生活着，直到纳粹党开始上台执政。

不幸的事情终于发生了，犹太传教士与村中所有的人都被纳粹党集中关起来，送往集中营。当走下火车，众人列队前行的时候，有一个手拿指挥棒的指挥官在前面挥动着棒子，叫着："左，右。"当时，左、右的含义不同。如果是向左，则是死路一条，如果是向右，则还有生存的机会。

终于，轮到了这位犹太传教士。他的名字被指挥官点到了，传教士浑身颤抖地走上前去。当他无助地抬起头时，不知是不是上帝有意安排，犹太传教士的眼睛一下子和指挥官的眼睛相遇了，原来这位指挥官正是阿米勒。

犹太传教士习惯性地脱口而出："早安，指挥官先生。"

第四章 犹太人的交际智慧

指挥官的脸上虽然没有任何表情变化，但仍然禁不住还了一句问候："早安。"声音低得只有他们二人才能听到。出人意料的是，犹太传教士被指向了右边——他有了活着的希望。

人，本来就很容易被感动，而感动一个人靠的未必是慷慨的施舍或者巨大的投入，往往一个热情的问候，一个灿烂的微笑，就能温暖一个人的心灵。

有研究证明，在犹太人的"驭人"智慧里，首因效应中微笑是很重要的社交手段，这也是为他们带来财富、成功的重要因素。

酒店大亨希尔顿在巡视旗下酒店时，总会微笑着问员工："今天，你对客人微笑了吗？"

当被问道他为什么要微笑着而不是严肃地问员工时，希尔顿说："一是员工为我做了我不想做的事，社会工种有三六九等，尽管我们一直在强调要平等地对待从事不同工种的人，但是实际上离平等还有很大的距离。从另一个侧面来看，社会上之所以还在呼吁平等，原因就在于不平等的现象还普遍存在。就冲着这点，就该对下属微笑，感谢他们为部门为酒店所付出的劳动，因为真诚的微笑是这个世界上最单纯的礼物。二是下属或许刚走上社会，或许是一个自卑的人，或许他工作了多年，却没有得到过晋升，或许……一句话，下属比我们更具有成就感、更具有权威性。下属视我们为偶像，或是模仿的对象，因此，我们的鼓励和肯定对他们来说是莫大的支持，而我给他们一个微笑，可让他们对自己充满信心，有勇气朝着目标走下去。"

希尔顿可谓深得"微笑管理"之精髓。

微笑管理不是用微笑代替管理，而是强调在管理的过程中，管理人员要发自内心地对下属表示尊重、信任和关怀，用微笑来不断传递这些信息，让员工消除紧张、压抑的工作情绪，增添员工的信心和力量，让员工更积极、更乐意、更主动地做好工作。

人只有自己每天保持良好的心情和积极的心态，才能以此去感染和激励他人。试想，一个经常愁云密布，时不时会提高嗓门大声呵斥别人的人，让与他合作的人或是他的家人每天除了战战兢兢、对其敬而远之、阳奉阴违以外，能从内心真正对他好吗？

有这样一个经典案例：美国著名的企业家吉姆·丹尼尔就是靠着"笑脸"神奇般地挽救了濒临破产的企业。并且，丹尼尔还把"笑脸"作为公司的标志，公司的厂徽、信笺、信封上都印上了一个乐呵呵的笑脸。而他也总以"微笑"奔走于各个车间，颁布公司的命令，进行企业的管理。结果，员工们渐渐都被他感染，公司在几乎没有增加投资和成本的情况下，生产效益显著提高了80%。

当然，除了微笑之外，其他的许多细节也能提升形象，产生良好的"首因效应"，比如仪表仪容、言谈举止得体。首因效应，是在短时间内以片面的资料为依据形成的印象。心理学家认为，与一个人初次会面，45秒钟就能产生第一印象。下面我们谈谈如何完善给人的第一印象。

1. 显露自信和朝气蓬勃的精神面貌

自信是人们对自己才干、能力、知识素质、性格修养及健康状况、相貌等的一种自我认同和自我肯定。研究表明：一个人要是走路时步履坚定，与人交谈时仪容大方、谈吐得体，说话时双目有神，正视对方，善于运用眼神交流，就会给人以自信、可靠、积极向上的感觉。

2. 待人不卑不亢

不卑就是不卑躬屈膝，不亢就是不骄傲自大，不卑不亢就是不做出讨好、巴结别人的姿态。比如在参加面试时，对主考官微笑着说："谢谢您抽出宝贵的时间来面试我。"这就是一种不卑不亢的态度，有可能给主考官留下极好的印象。

3. 衣着仪表得体

有些人习惯于不修边幅，这本来属于个人私事，不过在一个新环境里，别人对你还不完全了解的情况不，打扮得过分随便有可能引起误解，给人留下不良的第一印象。

事实上，美国有学者发现，职业形象较好的人，其工作的起始薪金比不大注意形象的人要高出8%~20%。当然，衣着得体并不是非要用名牌服饰包装自己，更不是过分地修饰，这样反而会给人一种浓妆或油头粉面、轻浮浅薄的印象。

4. 言行举止讲究文明礼貌

言行举止要文明，语言表达要简明扼要，不用不恰当的词语；别人讲话时，不随便打断；不追问自己不必知道或别人不想回答的事情。不要上来夸夸其谈，更不要"自来熟"，对他人什么话都说。

5. 讲信用，守时间

凡是答应人家的事，一定要办到，而自己没有把握的事情，即使不便当面拒绝别人，讲话也要留有余地。千万不要为了讨好别人，明明办不到的事情也包揽下来，这样只会弄巧成拙，最终引起别人不满。

守时也是很重要的，不守时的人会让人认为你素质差，没有诚信意识，因为浪费的不仅是自己的时间，也是别人的时间。

由于"首因效应"有"先入为主"带来的效果，所以我们要注意初次见面给人良好的印象，这样他人才会愿意和我们接近，为交往打下良好的基础。

上面几点只要我们经常做到，就能给对方留下较好的第一印象。而好的印象将有助于我们进一步与对方建立关系，进而促进合作的意向、声誉的提高等。

当然，"首因效应"有不稳定性、误导性、先入性，比如，单凭第一印象评价某人有时会失之偏颇，或被某些表面现象蒙蔽。但不容否认的是："首因效应"带来的却是最鲜明、最牢固，并且决定着是否交往的重要问题。

谦逊是一生的功课

《塔木德》中说："与人交往一定要谦虚恭敬，这样才能建立良好的关系。"

很多犹太人在人际交往方面表现得非常谦和，他们认为，谦虚恭敬是交往必备的品德。而一个谦恭的商人，在进行交易、待人接物时也要表现得温文有礼、平易近人，并善于倾听他人的意见和建议，要有自知之明，不卖弄财富，不文过饰非，并能主动承担责任，改正错误。

根据《圣经》的记载，开天辟地时，上帝第一天创造了光，第二天创造了水，第三天创造了花草树木，第四天创造了太阳、月亮和星辰，第五天创造了大鱼和各种飞鸟，第六天创造了牲畜、昆虫和野兽，第七天上帝才造出了人，派人管理天地中的一切。

那么，为什么人类最后才被创造出来呢？《圣经》中指出，上帝想传达的一个重要观念就是，如果想到连一只苍蝇都比人类先创造出来，那人类又有什么好狂妄自大的呢？这是上帝为了教导人类要对自然恭敬谦虚的巧妙安排。

犹太人很重视谦恭的美德，他们认为，无论人从事何种职业，担任什么职务，只要在与他人交往中保持谦虚恭敬，就能不断进取，增长更多的知识和才干，也会因此而拥有良好的人际关系。

社会上常常会遇到这样一些人，他们确实才华横溢，充满抱负和追求，但他们喜欢表现自己，生怕自己的能力不为人所知，而且常常显示自己不同于常人的优越感，希望借此得到别人的钦佩和尊重，但结果事与愿违。

谦虚恭敬并非是自我否定，它显示着自我肯定的信心，真正有实力的人都是谦虚的人，他们不喜欢炫耀；还常向他人请教、学习，因为他们懂得谦虚会使他们不骄傲，对于现在取得的成功有所感念，对以往失败有所警惕；谦虚对人还具有平衡作用，谦虚不会让人妄自菲薄，也不会让人感觉高人一等或屈居人下。

英格丽·褒曼在获得了两届奥斯卡最佳女主角奖后，又因在《东方快车谋杀案》中的精湛演技获得最佳女配角奖。然而，她领奖时，一再称赞与她角逐最佳女配角奖的弗沦汀娜·克蒂斯，认为真正获奖的应该是这位落选者,她由衷地说:"原谅我,弗沦汀娜,我事先并没有打算获奖。"

褒曼作为获奖者,没有喋喋不休地叙述自己的成就与辉煌,而是对自己的对手推崇备至,极力维护对手的"面子",无论是谁,都会认为褒曼善良、谦虚,会认定她是真心的朋友。

一个人能在获得荣誉的时刻,如此善待竞争对手,如此与伙伴贴心,实在是一种文明典雅的风度。

有一次,美国空军的著名战斗机试飞员鲍伯·胡佛,完成飞行表演任务后飞回洛杉矶。途中,飞机突然发生了严重故障,两个引擎同时失灵。胡佛临危不惧,果断沉着地采取了措施,奇迹般地把飞机迫降在机场。胡佛和安全人员检查飞机时发现,造成事故的原因是用油不对,他驾驶的是螺旋桨飞机,用的却是喷气式飞机用油。

负责加油的机械师听说后吓得面如土色,他见了胡佛便痛哭不已,因为他一时的疏忽可能造成飞机失事和机上三个人的死亡。胡佛并没有大发雷霆,而是上前轻轻抱住这位内疚的机械师,真诚地对他说:"为了证明你能胜任这项工作,我想请你明天来做飞机的维修工作。"这位机械师后来一直跟着胡佛,负责他的飞机维修。此后,胡佛的飞机再也没有出现任何差错。

胡佛虽然身为美国著名的飞行员,但他并不骄傲自大,在面对维修师出现如此严重的失误时,也没有批评指责他,而是包容对方并激励对方，显示了胡佛豁达的心胸和谦虚的美德。

自大的人，眼光只会停留在自己身上，不会注意到他人，更意识不到自己跟他人的差距；人只有懂得谦虚，把头低下来，才能进步。扬名于世的音乐大师贝多芬，谦虚地说自己"只学会了几个音符"；科学巨匠爱因斯坦说自己"像小孩一样幼稚"；居里夫人以谦虚的品格和卓越的成就获得了世人的称赞，她对荣誉的特殊见解，使很多喜欢居功自傲的人汗颜不已。也正是在居里夫人的高尚品格影响下，她的女儿和女婿也踏上了科学研究之路，并获得了诺贝尔奖，成为令人敬仰的两代人三次获诺贝尔奖的家庭。

谦虚并不表示不如别人，相反是高贵气质的体现，它需要修养来培育，英国小说家詹姆斯·巴利的话为谦虚做了很好的角注："生活，即是不断地学习谦虚。"

但如何学习谦虚的品行呢？犹太人认为必须正确认识自我，这样有利于"发扬优点，克服缺点"；谦虚的人能择其优点发扬光大，克其缺点而自省自修，充分施展自己的才华，实现自己的价值。

中国的《易经》讲述：谦卦是最吉祥的卦，认为一个人如果懂得谦虚，可以说是最有福气的人。大量事实证明，谦虚的人最清醒，做事不专横，尊重他人；谦虚的人站得高看得远，成功时不得意，失败时不气馁。谦虚的人不主观不武断，不满足已有成绩，脚踏实地，不骄不躁，始终保持进取之心。

多倾听少夸夸其谈

《塔木德》中说:"要用两倍于自己说话的时间去倾听对方讲话。"

犹太人深知倾听的重要性。犹太人认为上帝给了人一张嘴,两个耳朵,就是让人们多倾听,少诉说。犹太人认为要与对方建立彼此信任的关系,首先应该做到多倾听对方的话,这样才能与他人建立友谊。

社交活动家韦恩拥有良好的人际关系,非常受人欢迎,因此他拥有很多朋友。韦恩经常被人邀请参加聚会、共进午餐、打高尔夫球或网球，甚至是担任很多重要机构的客座发言人。

美国演讲大师罗宾和韦恩是好朋友。一天晚上，罗宾在朋友家的小型社交活动中发现韦恩也在场，当时韦恩正和一个漂亮女孩聊天。出于好奇，罗宾远远地观察着他们，想要弄清楚韦恩为什么这样受欢迎。

注意了一段时间后，罗宾发现那位年轻漂亮的女孩一直在滔滔不绝地说，而韦恩只是认真地倾听，甚至没说一句话。他有时笑一笑，有时点一点头，有时做个手势，仅此而已。

第二天，罗宾见到韦恩时禁不住问道：

"昨天晚上我也参加了聚会，而且看见你和那个迷人的女孩在一起。她好像完全被你吸引住了，你是怎么做到的？"

"很简单。"韦恩说，"朋友把她介绍给我，我只对她说：'你的皮肤晒得真漂亮，在冬季也这么漂亮，是怎么做的？在阿卡普尔科还是夏威夷晒的？'

'夏威夷。'她说，'夏威夷永远都风景如画。'

'你能把一切都告诉我吗？'我说。

'当然。'她回答。我们就找了个安静的角落，接下去的两个小时她一直在谈夏威夷。

"今天早晨她打电话给我，说她很喜欢跟我聊天。她说很想再见到我，因为我是最有意思的谈伴。但说实话，我整个晚上没说几句话。"

可见，善于倾听，是人际交往的基础，也是赢得良好关系的好办法。犹太人告诫人们舌头好似利剑，必须小心使用，否则不但会伤害别人，还会伤到自己。犹太人用"药"来比喻说话，认为适量的说话其实可以达到目的，说话过多反而有害。因此，犹太人大多安静地听，不随便说话，他们对自己要讲的每一句话也都会仔细斟酌。

艾略特就是一位善于倾听的人，他在听别人讲话时，并不是沉默不语，而是以各种身体语言给予回复，他认为身体语言也有利于双方的互动。

美国数一数二的小说家亨利·詹姆士回忆说："艾略特的倾听并不是沉默的，而是以活动的形式。他虽直挺挺地坐着，手放在膝上，但他的拇指或急或缓地绕来绕去。他面对着对方，似乎是用眼睛和耳朵一起听对方说话。他专心地看着说话人，一边听一边用心地想说话人所说的话。最后，这个对他说话的人会觉得，他已说了他要讲的话。"

倾听是一种好习惯，倾听并不妨碍讲话，但讲话一定要掌握技巧，既不能夸夸其谈，也不能心口不一，还有切莫传播谣言、是非，夸大其辞，令人云里雾里。

中国有这样一句话：静坐常思己过，闲谈莫论人非。这句话是告诫人们在无事的时候一定要多多反思自己，切莫谈论别人的是非，更不能无事生非，以免对别人造成不良的影响或者重大的伤害。

辛格曼·弗洛伊德算得上是倾听大师了。一位曾和弗洛伊德认识的人说："他简直太令我震惊了，我永远都不会忘记他。他的那种特质，我从没有在别人身上看到过，我也从没有见过那么专注的人，有那么敏锐的洞察力和总结事情的能力。他的眼光是那么谦逊和温和，他的声音低柔，姿势动作很少。但是他对你的那份专注，他表现出的喜欢你说话的态度，即使你说得不好，他仍然那么看着你，这些真的非比寻常。你无法想象，他那么认真听你说话所代表的意义是什么。"

社会上有些人不喜欢倾听，还有些人只想说自己想说的，当然，也有些人喜欢制造并传播是非，这些是非有时候会使别人声名狼藉。

第二次世界大战时期，美国著名将领麦克阿瑟说："对于正面的敌人，我总能应付，但是对于背后的'阻击'，我却不能保护自己。"连麦克阿瑟这样叱咤风云的五星上将都对来自背后的"冷箭"无能为力，可见背后下手的是非话其威力非同小可，不可小觑。

中国一家媒体曾在800所中学的60000名高中学生中做了一个有关"你平时最害怕什么"的调查。调查结果显示，超过半数的学生回答说："最害怕被人背后议论"。由此可见，人言可畏，是非话对人的中伤让人胆战心惊，谈"非"色变。

古时候，有一个国王，他十分残暴，又刚愎自用，但他的宰相却是一个聪慧、善良、贤明的人。国王有个按摩师，是一个"是非之人"。

这个按摩师常常在国王面前搬弄是非，陷害忠良，为此，宰相严厉地批评了他。从那以后，按摩师便和宰相结下了仇恨。

有一天，按摩师对国王说："尊敬的国王陛下，请您给我几天假和一些钱，我想去天堂探望陛下的父母。"

昏庸的国王很是惊奇，便同意了，并让按摩师代他向自己的父母问好。按摩师选好日子，举行了仪式，跳进了一条河里，然后又偷偷爬上了对岸。

过了几天，他趁许多人在河里洗澡的时候，跳进河里又探出头，说自己刚从天堂回来。国王立即召见了按摩师，并问自己父母的情况。

按摩师谎报说："尊敬的国王，先王夫妇在天堂生活得很好，只不过再过10天，就要被赶下地狱了，因为他们丢失了自己生前的行善簿。所以，为了避免陛下的父母下地狱，恳请宰相亲自去详细汇报一下。为了很快到达天堂，应该让宰相乘火路去，这样先王夫妻就可以免去地狱之灾。"

国王听完后，立即召见了宰相，让他准备去一趟天堂。宰相听了这些胡言乱语，便知道是按摩师在背后捣鬼。可宰相又不好拒绝国王的命令，心想："我一定要想办法活下来，再来惩罚这个是非的按摩师。"

第二天凌晨，宰相按照国王的吩咐，跳入一个火坑中，国王命人架上柴火，浇上油，然后点燃柴火，顿时火光冲天。全城百姓皆为失去了正直的宰相而叹息，那个按摩师也以为仇人已死，不免得意扬扬起来。

其实，宰相安然无恙。原来他早就派人在火坑旁挖了通道，他顺着通道回到了家中。

一个月后，宰相穿着一身新衣，故意留着一脸胡子和长发，从那个火坑中走了出来，径直走向王宫。

国王听说宰相回来了，赶紧出来迎接。

宰相对国王说："大王，先王和先后现在没有别的什么灾难，只有一件事使先王不舒服，就是他的脊背最近总是很痛，所以，先王请求陛下派个按摩师去。上次那个按摩师没有跟先王告别，就私自逃回来了，先王很是想念他。还有就是现在水路不通了，谁也不能从水路上天堂去，只能走火路。"

第二天，国王让按摩师躺在市中心的广场上，周围架起干柴，然后命人点上了火。顿时，按摩师被烧得鬼哭狼嚎似的乱叫，这个搬弄是非的家伙终于得到了应有的惩罚。这个按摩师肯定没有想到，杀死自己的不是利剑，而是自己的"舌头"。

倾听，属于有效沟通的必要部分，倾听得好，有利于思想达成一致、有利于感情交流通畅，也体现了人儒雅、包容、理解。善于倾听会使人缩短距离，而管住舌头，能避免口舌之祸，也更能促进别人对自己的好感，所以，生活中，事业中，友情中，谨言慎行，多倾听，能读懂他人的心。

✡ 风趣幽默促良好关系

《塔木德》中说:"最幽默的人,是最能适应环境的人。"

众所周知,犹太商人是世界上最会赚钱的人,但他们的风趣幽默也是出了名的。犹太人认为风趣幽默能够帮助自己建立和谐良好的人际关系,进而为事业的成功奠定基础。

某日,一位牵着狗的男子怒气冲冲地闯进一家犹太商人开的宠物店。他对老板大吼道:"我在你们店买的这条狗,为的就是让它给我看门、防贼。但是昨天晚上,有个小偷溜进我家,偷走我200美元,可这条狗眼睁睁地看着发生的一切愣是一声没吭。

你说气人不气人。"

犹太老板听后，风趣地解释道："这条狗以前的主人是个千万富翁，因此对于你那区区200美元根本就没放在眼里。"

风趣幽默属于乐观之人的特权，风趣幽默既代表了乐观之人的韧性，也代表了乐观之人的胆量。犹太人认为只有那些内心强大的人，才是乐观的人；那些在困难面前不屈不挠的人，才能随时随地地运用自己的幽默智慧。

犹太人非常重视幽默，他们常将各种事业、生活经验与感悟融于一则则有趣的幽默故事中，并流传于后人。

下面我们来看一个犹太人关于鹦鹉的故事：

一个人到花鸟市场去买鹦鹉，看到一只鹦鹉前标有这样一句话：这只鹦鹉会2种语言，售价300元。

另一只鹦鹉面前则写着：这只鹦鹉会4种语言，售价600元。

到底该买哪一只呢？这两只鹦鹉毛色光鲜，模样可爱。这人想啊想啊，一时拿不定主意。

这时，他忽然发现，不远处还有一只鹦鹉，忙走过去。原来是一只老掉了牙的鹦鹉，毛色暗淡散乱，精神不振，但奇怪的是，这只鹦鹉的价格标签上竟写着1200元。

于是，他赶紧将老板叫来问道："这只鹦鹉难道会说8种语言？"

老板是位犹太人，他不紧不慢地说道："不是。"

这人就有些不解了："它又老又丑又没有突出表现，为什么会值那么多钱呢？"

老板风趣地回答道："因为它能指挥那两只鹦鹉高效地干活儿，是'头'。"

这个宠物店老板就是个幽默的人。犹太人的幽默贯穿于生活中的各个领域。他们认为，一个具有幽默感的人，会时时发掘事情有趣的一面，并能欣赏生活中轻松的一面，建立起自己独特的风格和幽默的生活态度。幽默的人，亲和力强；幽默的人，经商时则更容易获得成功；因为他们，使接近他们的人也能感受到轻松愉快的气氛。

幽默是交际的润滑剂，它具有自我圆场、缓解尴尬的功用。当一个人与他人关系紧张时，即使在一触即发的关键时刻，如果使用幽默，可以使彼此从容地摆脱不愉快的窘境或消除矛盾。

幽默，不仅是生活中的智慧，更是一种人健康的品质。但是幽默要在合情合理之中引人发笑，给人启迪，要像清朝人李渔所说："妙在水到渠成，无机自露，我本无心说笑话，谁知笑话逼人来。"这才是幽默的玄机所在。

那么，如何才能培养自己的幽默细胞呢？一般来说，我们可以从以下几个方面着手：

首先，要保持快乐豁达的心态。

只有自己心态豁达，快乐了，才能给别人带去快乐。眼中只看见痛苦和悲伤的人，是不可能说出幽默话语的，心胸狭隘的人也很少具有幽默细胞。幽默属于那些积极向上的人，这些人既不会由于一时的得失而斤斤计较，也不会由于暂时的失败而懊恼不已，他们总能积极地看待生活，既不苛求自己也不为难别人。他们能够善解人意地为他人着想。所以，当别人对他们有所冒犯的时候，他们总是会用睿智而幽默的语言化解矛盾。

其次，要有渊博的学识。

任何一句幽默的话语都是说话者生活智慧的结晶，它不是凭空出现的。所以，要想培养自己的幽默感，生活经验的积累是必不可少的。要有泰山不让土壤、河海不择细流的精神，要有善于总结生活中的经验和智慧的能力。

最后，要学会敢于自嘲。

伟大的文学家鲁迅曾经写过一首《自嘲》诗，来表明自己当时的生活状态。这首"自嘲诗"是：

运交华盖欲何求，未敢翻身已碰头。
破帽遮颜过闹市，漏船载酒泛中流。
横眉冷对千夫指，俯首甘为孺子牛。
躲进小楼成一统，管他冬夏与春秋。

这首诗形象地表现了鲁迅先生身处困境，乐观开朗的性格，展现了其可爱之处。

在社会交往中，人们难免会遇到一些让自己无法下"台阶"的事情，此时，如果自嘲运用得当，不仅可以为自己找到"台阶"下，也能避免更尴尬的事情发生。

赞扬"对路",利人利己

《塔木德》中说:"世间的事非常奇怪,赞扬他人,会使做事越加顺当。"

有一家时装店新来了一位店员,一天,她向一位打扮得高贵华丽正在选购套装的女顾客建议道:"你好,你看这套衣服既高贵又便宜,穿在您身上会非常得体!其他的衣服价钱要贵一些,还不见得适合您,您觉得怎么样?"

没想到,那位顾客听完话后,竟气势汹汹地嚷起来:"什么叫便宜?什么叫不适合我?你以为我没钱买贵的衣服是不是?真是岂有此理，太瞧不起人了！"

　　这位女顾客为什么发这么大的火？是因为女店员的话刺伤了她的"面子"。女店员本想赞美顾客，但说法有些"问题"，使"赞美"没有发挥出正面作用。价廉物美，对于很多人来说，具有很大的吸引力。但对有些人来说，也许会使他们感到有伤"面子"之意，尽管他人并无此意；还有一些人由于虚荣心作祟，在听了他人的"真话"后，不从正面想，却从反面想，往往火冒大丈。

　　而犹太人无论在做人处事或在经商的时候，说赞美话总是因人而异。他们会习惯在观察对方后说一些让他人"高兴"的话，在他们看来，赞美他人"对路"，不但会使他人高兴，也会使自己心情舒畅，情绪高涨，而交谈或合作会变得轻松自如。

　　犹太人戈尔年轻的时候到了美国，和亚特兰大市的一位女子结婚。后来他们夫妇做生意，创建了一家油漆公司。他们的油漆具有色泽柔和、不易剥落、防水性能好、不褪色等很多优点。但他们虽在广告费上花了不少钱，可收效甚微。戈尔决定以市内最大的莱弗家具公司为突破口闯出一条自己的路。

　　有一天，戈尔直接来到了莱弗家具公司，找到了总经理斯坦纳："斯坦纳先生，我听说，贵公司的家具质量相当好，我特地来拜访一下。我久仰您的大名，您又是本市杰出的企业家之一。在这么短的时间内，就取得了如此辉煌的成就，真是让人羡慕!"

斯坦纳听戈尔这么一说非常高兴,他热情地向戈尔介绍了公司的产品及特点,并在交谈中谈到了自己如何从一个贩卖家具的小贩成为现今生产综合家具的大公司总经理的历程,还领戈尔参观了他的工厂。在上漆车间时,斯坦纳拉出几件家具,向戈尔说这是他亲自上的漆。

戈尔将喝的饮料倒在家具上一点儿,又用一把螺丝刀轻轻敲打。斯坦纳制止了戈尔的行为,但没等斯坦纳开口说话,戈尔先说话了:"这些家具的造型、样式是一流的,但这漆的防水性不好,色泽不柔和,并且易剥落,会影响家具的整质量,不知对不对?"

斯坦纳连连地点头称是,并提到戈尔的油漆公司推出的一种新型的油漆,因为不了解所以没有订购。戈尔从包里掏出了一块六面都刷了漆的木板。对斯坦纳说:"这块木板已在水中浸了一个小时,木板没有膨胀,说明漆的防水性好,用工具敲打,漆不脱落,放到火上烤,漆不褪色。"斯坦纳拿过去,看了一会,与戈尔开始谈合作意向,最终莱弗家具公司成了戈尔公司的大客户。

从这则事例中可以看出,戈尔一开始并没有直接称赞自己的油漆有多好,而是从赞美莱弗公司的产品入手,又赞美了斯坦纳取得的成就。受到赞美的斯坦纳对戈尔热情起来,有了互动基础，然后戈尔点出了莱弗家具公司产品的油漆性能差，直接影响到其家具的质量，同时，又向斯坦纳展示了自己公司最好的产品。相比之下，凸显了戈尔公司新型油漆的优点。于是，斯坦纳很自然地接受了建议，戈尔顺利地赢得了这个客户。

每个人都希望被别人重视，所以当别人夸奖或赞美自己"对路"时，都会很高兴。

一位身材高挑的年轻女子在一家服装商店试衣服，试了几件衣服，不是这儿鼓起来，就是那儿紧巴巴的，都不合适。店主凭经验觉得，问题出在她没有挺直身子。于是在一旁对她说："这些衣服看来不是有些大就是有些小，把您娇美的身材给遮住了。"

年轻女子一听，直起身来重新在试衣镜中打量自己。这时情形发生了变化：年轻女子发现自己挺立的身躯看起来那么赏心悦目，那些难看的鼓包和皱褶都不见了，线条和轮廓也显现出来了。

店主看得出，试衣的女子很喜欢这件衣服。于是不失时机地赞许说："您穿上真漂亮！您喜欢这一件吗？"

"是的，它使我显得苗条多了，啊，真的，我好像减轻了3公斤体重。"年轻女子惊奇地说。

最终，女子买下这件衣服。

与人谈话时，要找准对方感兴趣的事情，"投其所好"地满足他们的心理，这样会使交际向更好的方向发展。

每一位拜访过美国第26届总统西奥多·罗斯福的人都会被他

渊博的学识和广泛的兴趣所折服。查尔斯·西莫说："罗斯福总统的白宫大门永远欢迎能使总统提起兴趣的人。无论是各领域的专家，还是其他访客，他总能立即找到一个双方都感兴趣的话题。"

哥马利尔·布雷佛也写道："无论是一名牛仔、骑兵、纽约政客还是外交官，罗斯福都知道该对他说什么话。"

那么，罗斯福总统是怎么做到的呢？罗斯福总统有一个很好的习惯，那就是在拜访者来之前，他都会挑灯夜读，阅读别人的著作，或了解来访者感兴趣的事情，做好充足的见面准备工作。所以，每一个来访者在听到罗斯福总统的见面语之后，都会被罗斯福总统不凡的言论、渊博的知识和健谈的性格所折服。

罗斯福主动学习并非只是为了能够在与他人的交往中侃侃而谈，显示自己渊博的学识，他是为了找到对方感兴趣的事物，从而能在一种轻松和谐的状态下进行交流互动。因为罗斯福总统深谙人的本性：当一个人发现你对他所熟知的问题非常感兴趣的时候，他会自然而然地说很多话，愉快的气氛也就会随之产生。

而罗斯福总统正是"投其所好"，让对方产生了心灵共鸣的好感，从而解决了一个又一个政治难题，也让自己的美名远播世界。

在人际交往中，我们总是渴望别人可以遵照我们自己的意愿去做某件事，但是，要让别人心甘情愿地按照你的意愿去做，你必须得让对方明白他做这件事会对他有什么益处。人不论贵贱贫富抑或社会地位高低，都会努力塑造并竭尽全力地去维持自己在别人心目中的良好形象。所以，如果想要达到请他人帮忙或进行融洽交流的目的，那就请记住这条黄金法则：满足对方的心理，给他一个"引以为荣"的"美名"。

"钢铁大王"卡耐基深谙"投其所好"的道理，总是将"给予美名"的技巧发挥到极致。卡耐基所经营的钢铁公司想要降低运行成本，所以想和一位经营煤炭行业的老板合作开一家公司，这样就可以在很大程度上降低公司的运营成本。

恰好在一次宴会上，卡耐基无意中结识了一位经营煤炭业，号称"焦炭大王"的青年才俊佛里克。卡耐基心想，此人就是我苦苦寻觅的合作伙伴，没想到佛里克小小年纪就取得了这么惊人的成绩。

卡耐基很欣赏佛里克的胆识和才干。卡耐基认为如果他跟佛里克合作的话，对于佛里克的事业发展也是非常有利的。

想要跟一个人合作，就要了解这个人的特点，所谓知己知彼百战百胜。卡耐基通过各种渠道了解到佛里克是一个很骄傲的人，如果不能很周全地照顾到他的"面子"，即使和别人合作获益很大，他也不会跟对方合作。所以，为了能够成功地做成这单生意，卡耐基将佛里克请到自己家里，热情接待。

当时，卡耐基已年近半百，而佛里克却只是一个二十来岁的毛头小伙子。虽然卡耐基的财富是佛里克的数倍，但卡耐基在佛里克面前仍然保持着礼貌和谦逊。

一番寒暄之后，卡耐基提出了两人合作成立一家煤炭公司的建议。卡耐基还大度地表示，新公司的总价值有300万美元，而佛里克的焦炭公司市值大约为50万美元，其余250多万美元全部由卡耐基的公司支付，股份双方各得一半，收益也是五五分红。

只出六分之一的资金，却能得到一半股份，这可真是天上掉馅饼、打着灯笼都难找的好事，可在这么大的诱惑面前，佛里克却在犹豫，原来他在想，如果公司是以卡耐基名义运作的话，自己就等于没有任何名义上的东西了。佛里克是那种"宁为鸡首，不为凤尾"的一个人。

卡耐基仿佛看穿了佛里克的心事，又立即补充道：新公司的名称是"佛里克焦炭公司"。至此，佛里克再也没有疑问了，当即爽快地同意了合作事宜。从此，佛里克成为了卡耐基的永久合作伙伴，日后更是成为卡耐基钢铁公司的高层领导之一。

在和佛里克合作的这件事上，卡耐基掌握了佛里克喜好"美名"的心理。由于卡耐基最需要的是和煤炭公司合作，所以他在利益上的让步不仅考虑了对方财富，同时还考虑了对方对"名气"的要求。卡耐基送出"美名"给佛里克，自己也最终实现了和佛里克煤炭公司合作的目的。

这个故事告诉我们，在与他人交往的过程中，如果赞美对方"对路"，对方会心甘情愿地去做你希望他做的事情，从而达成自己的目的。

人脉就是财脉

《塔木德》中说:"人脉就是金钱的矿脉。"

犹太人愿意交朋友,他们认为朋友越多,关系越广,成事越大。可见,人脉就是财脉。犹太人中流传着这样的一个故事:

寒冷的冬天,一个卖面包的人和一个卖被子的人同到一个破屋中躲避风雪,天晚了,卖面包的人觉得很冷,卖被子的人觉得很饿。但他们都相信对方会有求于自己,所以,谁也不先开口。

过了一会儿,卖面包的人说:"吃一个面包。"

卖被子的人说:"盖一条被子。"

又过了一会儿，卖面包的人说："再吃一个面包。"

卖被子的人也说："再盖上条被子。"

就这样，卖面包的人不停地吃面包，卖被子的人不停地盖被子，谁也不愿意向对方求助，到最后，卖面包的人冻死了，卖被子的人饿死了。

这个故事告诉我们，只有与别人合作才能更好地生存。但是在生活中，面对类似的问题，偏偏就有人想不通，看不开，奉行"人若敬我，我便敬人；人若予我，我便予人"的被动理念，一定要先等对方请了一顿饭之后，才肯回对对方一张音乐会的入场券；还有的人只想得到不想付出，自私自利得很。

其实，人主动做事、交往不是件"丢面子"的事，而处处被动的人如果将这种态度带到社交中或工作场合，很容易使一切陷入僵局。职场中，许多人没有什么成就，与放不下"面子"有直接关系。这些人的想法是：如果老板给我加薪，那么我就会把工作做得好一些，但是老板没有给我更多的钱，我就自己减少一点儿工作量。这些人不明白，工作的目的是自己和老板的双赢，"看价"干活儿其实是在自欺欺人。

精明的犹太人绝不会这样。犹太人在人际交往和商业经营活动中，从来不会只看眼前利益，他们总在主动寻找更大的利益，并且要保证让对方赢利。也就是说，犹太人做生意的原则是：主动性强，广交朋友，广找合作者，一笔生意，双方赢利。

犹太人罗道夫，曾认为竞争对手就是冤家，只有击毁对手才能够生存。为此，做生意时他只顾自己发展，斤斤计较，当别人纠正他：做生意，应该要和平竞争，互相帮助、互相推动、共同发展，才能达到双赢或多赢的效果，这才是做生意的原则时，罗道夫坚决不认同。

许多合作伙伴与罗道夫分道扬镳，从此，罗道夫在生意场上屡屡失败。经过这样的打击后，罗道夫清醒过来了。他重新理顺头绪，纠正了自己的观念，此后每做一笔生意，他首先考虑怎样能够获取双赢和多赢的效果。这样，过了几年，罗道夫朋友多了，合作伙伴多了，公司的产品也遍及全国各地了。

人创办公司、经营公司就是想要赚钱，但通过这个例子我们可以看到，做生意如果只是为了自己的发展，不与合作伙伴为实现双赢而精诚合作，就不会有大的发展，甚至会失败。

所以，犹太人在发展事业，与人交往时要主动，不做单赢生意。因为他们认为：

第一，在市场竞争中，谁都想胜不想败。参与市场竞争的各个公司都是相互的"敌手"，这些公司在彼此竞争中带有保密性、侦探性、获胜性。倘若市场不能容纳全部竞争者时，任何企业都想保存自己而灭掉对方；即使市场能容纳下全部竞争者，大家也还是想以强敌弱。所以，只有多方合作，保持双赢才能保存自己和对方的实力，实现1+1>2的效果。

第二，很多公司为了赚钱，总想独霸市场，一心想着挤垮同行。有些商人在处理与同行的关系上，信奉的是"同行是冤家"，造成"行行相妒"现象。然而，这种关系长期下去会使自家公司不能持续发展，因为竞争的目的是为了相互推动，相互促进，共同提高，一起发展，总是相互"拆台"，或想单赢，实际上公司也长久不了，商人慢慢地就会成为"孤家寡人"。

第三，虽然竞争公司之间有点儿像战场上的"敌手"，但并不是非要挤垮对方才能获得发展。公司间的竞争手段必须是正当合法的，而"双赢"的策略正是在合法条件下使自己和合作者利益最大化的最佳方法。

第四，市场竞争是激烈的，同行业之间的竞争更为激烈，但有竞争关系的公司也可以联手合作。从这种意义上讲，公司之间完全可以相互帮助、支持和谅解，公司之间应该是合作伙伴关系，应友善相处，就好比两位武德很高的拳师比武，一方面要分出高低胜负，另一方面又要互相学习和关心，胜者不傲，败者不馁，相互间切磋技艺，共同提高。

现代商战瞬息万变，此时可能对甲企业有利，眨眼间就可能变得对乙企业有利。所以，作为商人应"风物长宜放眼量"，不以"一时胜负论英雄"，更不可以因一时失利而迁怒竞争对手。

人生中大部分朋友都是在谋取共同利益的过程中结交的，利益越一致，关系越深厚。尽管人与人之间有各种矛盾，但利益的凝聚力会使双方不断去磨合、去修复,去自动寻求平衡。所以,懂得先利人再利己,双赢能让彼此的关系越来越紧密的道理十分重要。

有一个农村老头,他决定让儿子成为不平凡的人。于是,这个老头找到美国当时的首富——石油大王洛克菲勒,对他说:"尊敬的洛克菲勒先生,我想给你的女儿找个丈夫。"

洛克菲勒说:"对不起,我没有时间考虑这件事情。"老头说:"如果我给你女儿找的丈夫,也就是你未来的女婿是世界银行的副总裁,可以吗?"洛克菲勒同意了。

然后,老头又找到了世界银行总裁,对他说:"尊敬的总裁先生,你应该马上任命一个副总裁!"总裁说:"不可能,这里这么多副总裁,我为什么还要任命一个副总裁呢,而且必须马上?"

老头说:"如果你任命的这个副总裁是洛克菲勒的女婿呢?"世界银行总裁爽快地答应了。

这虽然是个笑话,但很多生意就是这样谈成的——因为给对方提供了利益,所以到最后自己也能收获大的财富。

人际交往的实质是什么?就是利益交换。在这个竞争激烈的社会中,人们一定要抛开"个人利益就是所有"的陈旧观念,要广交朋友,多加强合作,努力在双赢中寻求发展,这样不仅有很多的合作模式,最后也能得到双赢的结果。

诚信踏上成功之途

《塔木德》中说:"金钱是山上的树木,诚信是山中的泉水。"

诚实守信,犹太人认为是一个人取得成功的前提条件。很多犹太人一生下来就被告知:做任何交易都要绝对诚实。如果你想达到成功的顶峰,绝不可采取欺骗和说谎的方式。有些交易即使不做,也不能弄虚作假,这是做人做事的根本,也是经商之本。

20世纪初,俄国境内的一个小村落里,住着一个犹太小男孩。那时候,沙皇部队——哥萨克人,正在对各地的犹太人进行大规模迫害。每天当市集最热闹的时候,全村的人都会聚集在大广场上交易买卖，哥萨克人就在这个时候，骑着高大剽悍的马来到市集上，打翻犹太人的货物、商品，接着宣布沙皇限制犹太人自由的最新敕令，然后骑着马扬长而去。

小男孩和祖父的感情非常亲密，他的祖父是这个村子里的老教士。村子里的犹太人都相信，他们的祖先聪明睿智。小男孩每天都会陪祖父从他们简朴的家到市集去。哥萨克骑兵总是挥鞭而至，扬起漫天尘土，宣读当天的敕令："今天起，任何犹太人购买马铃薯，一次不得超过5个。"或是："沙皇有令，所有犹太人必须将他们最好的牛立刻卖给国家。"

每天，同样的故事不断上演——老教士和其他人一起听着沙皇的敕令，然后老教士向那些哥萨克人挥舞着他的拐杖，大声叫道："我抗议！我抗议！"然后其中一个哥萨克人就会骑着马过来，用马鞭狠狠地抽向老教士，临走之前还要吼一声："闭嘴，你这老蠢货！"老教士禁不住鞭子，就会倒在地上，他的教徒们会冲过去扶他起来，帮他拍掉衣服上的泥土，然后他的小孙子再搀着他回家。

日复一日，小男孩担忧地看着这一幕再三重演。终于他再忍不住了，有一天，搀扶满身乌青的祖父从集市回家时，小男孩鼓起勇气问："亲爱的爷爷，"小男孩的声音带着点儿微微的颤抖，"您明知道那些士兵一定会打您，为什么还要每天在他们面前抗议沙皇呢？您为什么不能保持沉默呢？"

老教士对孙子慈祥地说道:"因为明知是错的事情,如果我不大声抗议,我就会渐渐和他们一样了……"

马雅克夫斯基曾说:"诚实是最伟大的美德,它为我们的生活涂上一笔最真实的色彩。"

虽然,在现今社会,说谎、欺骗、隐瞒事实的现象很多,但我们绝不能让它成为自己日常言行的一部分。

年轻的林肯受母亲差遣,到好几英里外的商店为家里买些东西。在回来的路上,林肯发现商店老板多找了钱。于是他又拖着疲累的身躯折返回那家商店,把多找给他的钱还给了人家。

人的好品格养成不是朝夕之功,诚实也不是仅在一两件事上表现出来。上述林肯还钱这件小事中,也许多找的钱数量并不多,但林肯所展示出的诚实是非常好的品格。所以,在现实生活中,不要小看了细节之处的诚实品德。

在一个房间里,艾尔顿正在应聘推销工作。经理约翰先生看着眼前这位身材瘦弱、脸色苍白的年轻人,忍不住先摇了摇头。从外表看,这个年轻人看不出有什么特别的销售能力。约翰先生在问了艾尔顿的基本情况后,又问道:

"你以前做过销售吗?"

"没有!"艾尔顿答道。

"那么,现在请你回答几个有关销售的问题。"约翰先生开始提问,"推销的目的是什么?"

"让消费者了解产品，从而心甘情愿地购买。"艾尔顿不假思索地答道。

约翰先生点点头，接着问："你打算对推销对象怎样开始谈话？"

"'今天天气真好'或者'你的生意真不错。'"

约翰先生点点头。

"你有什么办法把渔船推销给农场主？"

艾尔顿稍稍思索一番，不紧不慢地回答："抱歉，先生，我没办法把这种产品推销给农场主。"

"为什么？"

"因为农场主根本就不需要渔船。"

约翰高兴得从椅子上站起来，拍拍艾尔顿的肩膀，兴奋地说："年轻人，很好，你通过了，我想你会成为出类拔萃的推销员！"

约翰为什么这么说呢？因为测试的最后一个问题，只有艾尔顿的答案令他满意。以前的应征者总是胡乱编造一些推销办法，但实际上绝对行不通，因为谁愿意买自己根本不需要的东西呢？

艾尔顿认识到了这一点，据实回答，所以被雇用了。

现在工作难找，许多求职的人在"取悦"面试官时所犯的最大错误就是不诚实。这些应聘者不以真面目示人，不能完全地做到坦诚，总是想当然地展示给招聘者一些自以为"正确"的态度。可是这个做法通常一点儿用也没有。因为没有人愿意要不诚实的人，正如从来没有人愿意收假钞票一样。让我们来看看诚实的安东尼是如何做的吧！

雅利安公司是美国环球广告代理公司，因为业务需要，正准备招聘4名高级职员担任业务部、发展部主任助理，待遇自不必言。

竞争是激烈的，凭着良好的资历和优秀的考试成绩，安东尼荣幸地成为10名复试者中的一员。

雅利安公司的人事部主任戴维先生告诉安东尼，复试由贝克先生主持。贝克先生是广告公司的老板，从一个报童到美国最大的广告代理公司董事长、总经理，他的经历充满了传奇色彩。并且，他年纪并不大，据说只有40岁上下。

听到这个消息，安东尼非常紧张，一连几天，从口头表达能力、广告业务及穿戴方面都做了精心准备，以便顺利"推销"自己。

复试是单独面试。安东尼一走进小会客厅，坐在正中沙发上的一个考官便站起来，安东尼认出来：正是贝克先生。

"是你？！你是……"贝克先生激动地说出了安东尼的名字，并且快步走到安东尼面前，紧紧握住了他的双手。

"原来是你！我找你找了很长时间了。"贝克先生一脸的惊喜，激动地转过身对在座的另几位考官嚷道："先生们，我向你们介绍一下：这位就是救我女儿的那位年轻人。"

安东尼的心狂跳起来，还没容得他说话，贝克先生把他拉到他旁边的沙发上坐下，说道："我划船技术太差了，把女儿掉进了河中，要不是你相救就麻烦了。真抱歉，当时我只顾照看女儿了，也没来得及向你道谢。"

安东尼竭力抑制住心跳，抿了抿发干的双唇，说道："很抱歉，贝克先生。我以前从未见过您，更没救过您女儿。"

贝克先生又一把拉住安东尼："你忘记了？4月2日，××河……肯定是你！我记得你脸上有块小小的痣。年轻人，你骗不了我的。"贝克先生一脸的得意。

安东尼站起来说："贝克先生，我想您肯定弄错了。我没有救过您女儿。"

安东尼说得很坚决，贝克先生一时愣住了。忽然，他又笑了："年轻人，我很欣赏你的诚实。我决定：你免试了。"

几天后，安东尼幸运地成了雅利安公司职员。

后来，安东尼和戴维先生闲聊，他问戴维："救贝克先生女儿的那位年轻人找到了吗？"

"贝克先生的女儿？"戴维先生一时没反应过来，接着他大笑起来："他女儿？有7个人因为他女儿被淘汰了。其实，贝克先生根本没有女儿。"

一个人的价值往往在诚实中体现出来，所以诚信在任何时候都很重要。商人更要坚守诚信，在合作中实话实说。

犹太商人认为："就一个人和他成功的秘诀来说，在交易中保持绝对诚实，是他踏上成功之途最重要的事情之一。"

✡ 取舍有道要牢记

《塔木德》中说:"暂时放弃一些利益,是为了得到更多的利益。"

犹太人懂得失与得的辩证关系,而且总是所舍多于所得,这也是他们在人际交往中成功具有的卓越能力,成大事的关键。

犹太人认为舍与得的关系是有舍才能有得,而且必须是"先舍",才能"后得",这种智慧的结晶他们世代相传。

两家公司竞标同一块土地,甲公司的老板对自己的员工非常好,虽然工资和业内其他单位一样,但公司的福利却比其他家公司丰厚得多。公司老总总是隔三差五地给员工一些奖励，这种奖励有的是物质上的，譬如每周对工作表现比较好的给予一定数量的奖金；有的是精神上的，譬如给工作表现特别好的员工颁发一个标兵的标志等。

乙公司则完全是另外一种运作模式。这家公司不讲人情味儿，员工只是拿薪水干活。

所以，在竞标的那段时期，甲公司的员工很努力地工作，大家上下一心，每天都自愿加班到很晚，而且会考虑许多老板都不曾考虑到的因素。最终，甲公司的竞标书做得不仅完美，而且具实战操作。而乙公司的员工则按照之前的工作模式，只是把自己工作的任务当成日常"任务"，竞标书做得没有甲公司那么精彩。结果可想而知，甲公司得到了那块地。

人际交往中的黄金准则之一即是：欲取之，必先予之。人只有付出才能得到回报，而回报有可能近似平等，有可能是付出的数倍之多。

纽约的金融家史密斯还是个银行职员时，有一次，他的上司要他尽快准备好一份资料，而提供资料的那个人是一家公司的总经理，上司让史密斯去拜访那位总经理。

当史密斯被引进到那位总经理办公室之后，一位年轻的秘书从门口探头告诉总经理，她今天没有搜集到童话故事给他的儿子。

总经理向史密斯解释说："我在替12岁大的儿子收集童话

故事集。"之后，史密斯向总经理述说他的来意，并且向他请教了一些问题，但是，从头到尾，总经理似乎都在含糊笼统地敷衍他，摆出一副根本不想和他谈论这个问题的样子，因此，这次的会谈很快就结束了，而且毫无结果。

史密斯事后回忆说："坦白讲，我当时真不知道该怎么做，后来，我突然想起那位总经理的秘书所讲过的话，什么童话故事集、12岁大的孩子……同时我也想到我们银行国外部也在做童话故事集的收集工作，那些童话故事集正是来自世界各地的。

第二天下午，我直接去拜访那位总经理。到了之后，我请他的秘书传话给他，告诉他我有一些童话故事集要送给他的孩子。你想我会不会受到热烈地欢迎呢？

不错，那位总经理热情地握住我的手，他面带笑容而且容光焕发地招呼我。当他赏玩着童话故事集的时候，口里还不断地说："我的乔治一定会喜欢这个故事的！"我们花了半个小时谈论童话故事集与他的儿子，之后他足足花了一个多小时的时间提供给我所需要的资料。他把所知道的全都告诉了我，并且害怕有所遗漏，还把他的属下叫进来询问一番，甚至为我打电话向一些人查询一些细节。最后，他给了我许多实证、数据、报告以及文件，使我此行满载而归。套句新闻从业人员的专业用语，我算是得到了一条独家新闻。"

可见，"欲取之，必先予之"的方法，不仅会使人获得他人的好感，还会使人得到高回报。

在日常工作和生活中，无论与什么类型的人打交道，不管对方是雇员、合伙人、同事、顾客、朋友，抑或是你的家人，只要你事先有所付出，那对方也会相应地回报你的好意，即使效果不能马上看到，天长日久，功效自然就显出来了。

法国有一家报纸有一次进行了一项有奖智力竞赛，其中有这样一个题目：如果法国最大的博物馆卢浮宫失火了，情况只允许救一幅画，那么，你救哪一幅？

许多人都说要救达·芬奇的传世之作——《蒙娜丽沙》。

然而，在成千上万的答案中，法国电影史上占有重要地位的著名作家贝尔特以最佳答案获得了金奖。

他的回答很简单："我救离出口最近的那幅画"。

是的，卢浮宫的名画作成千上万，镇宫之宝多之又多，人人心中有自己的爱作。但人世间的事情就是这样，如何取舍，常常成为人们面对的一道难题。

天地之间，昼夜不能并存，人世之间，悲喜不能共进。懂得"舍"的意义，自然"得"就不费工夫。所以，我们不要只想获取别人的爱心或帮助，要先自己付出心血和努力，如此，才是正确的交往交易态度，才能让人际关系保持天长地久。

第五章

犹太人的"借"智慧

✡ 众人拾柴火焰高

《塔木德》中说:"一个人的才智和力量总是有限的。"

是的,独行侠是能成功,但却是小成功,只有团结合作,才能把事情做得更大更好。犹太人认为,一个人要想获得成功,就需要结合更多人的才智与力量,这样才能战胜困难。如果不懂借助他人的才智,不仅会走弯路,而且会减缓通向成功的速度。事实证明,不懂得团结合作的人会处处受阻。

有这样一个故事:

林肯是个工作很勤奋的员工,但是他最大的问题就是不喜欢与人合作。就算是在他心情很好、胸襟够大的时候，他仍会怀疑他同事的能力及工作热忱。对林肯来说，赞美同事在他的想法里是荒谬的。在林肯心中，只有他才是公司里唯一有能力把事情做好的人。

然而，尽管林肯非常努力，他所做出的成绩却出乎意料不高，此外，林肯周围的环境里总存在着"不友好的气氛"，这使他感到困惑，因为他以为自己一直给人相当随和的印象。其实，林肯不过是表面上做出随和的样子罢了，别人认为林肯没有合作精神，所以，同事们对林肯都敬而远之，很少有人愿意跟他合作。

为此，上司不得不找到林肯，与他讨论这件事："为什么你总是不信任你的同事？"

"噢，那是因为他们自己工作不行，坦白地说，我认为他们都能力有限！"林肯在回答上司的问题时，毫不掩饰他的不合作态度。

"那么，你认为你比他们要优秀得多吗？"

"那是当然！"

上司将3个月以来林肯部门每人的业绩拿给他看："那么，你看看你又比这些所谓的能力有限的人好多少吧。"

结果可想而知，林肯看完之后脸涨得通红，再也说不出话来……

与人交往，或一起工作，合作是提高效率、业绩的最佳方式，多与他人沟通、交流，多向他人学习，是取长补短的最快途径。因为，互相"拆台"既不利己又不利人，"单打独斗"不能得到最大效益，而一个人的才智又是有限的，所以，只有与人精诚团结，融洽合作，才能让自己更好地"发光发热"。

拿破仑·希尔年轻的时候，曾经在芝加哥创办了一份教导人们获取成功的杂志。当时拿破仑·希尔没有足够的资本运作这份杂志，所以他就和印刷工厂建立了合作关系。尽管这份杂志开始时办得很成功，拿破仑·希尔也全身心扑在这份杂志上，但是后来他不快乐了。

拿破仑·希尔由于没注重印刷工厂的"合作"重要性，只是以为他"撑起"了这份杂志，结果在拿破仑·希尔不知道的情况下，一家出版商买走了他合伙人——印刷工厂的股份，并接收了这份杂志。希尔不得不带着一种非常耻辱的心态离开了他那份以"热爱"为出发点的工作。

事后拿破仑·希尔总结自己失败的最大原因他认为，自己没有很好地与他的合伙人合作。比如，他常常会因为一些出版方面的小事而和对方争吵，他的自我和自负使他最终尝到了失败的滋味。

拿破仑·希尔反省了自己这次失败，学到了不少合作方面的经验。此后，拿破仑·希尔离开芝加哥前往纽约，在那里，他又创办了一份杂志。这次他学会了激励其他只出资但没有实权的合

第五章 犹太人的"借"智慧

伙人共同努力。不到一年的时间,这份杂志的发行量就比以前那份杂志多了两倍。而拿破仑·希尔由于愿意花时间与合伙人友好地沟通、合作,再也没有遇到之前在芝加哥所遇到的那种"拆台"的事情了。

拿破仑·希尔的故事给我们提供了很好的教训和经验。世界上没有仅仅依靠自己就能成功的人,任何成功者都得站在别人的肩膀上,孤胆英雄做不成大事。

有一位叫罗伯特·克里斯托弗的美国人,他想用80美元周游世界,并坚信自己能够实现。于是,罗伯特找出一张纸,写下了他用80美元周游世界的准备工作:

领取一份可以上船当海员的文件;

去警察局申请无犯罪记录的证明;

取得美国青年协会的会员资格;

考取国际驾照,买来国际地图;

与一家大公司签订合同,为自己提供所经过国家和地区的土壤样品;

同一家航空公司签订协议,可免费搭机,以可以拍摄照片为其公司做宣传交换。

……

当罗伯特完成上述的准备工作后,年仅26岁的他就在口袋里装好80美元,开始了自己的全球旅行。以下是他旅行的一些经历：

在加拿大巴芬岛的一个小镇用早餐，不付分文，条件是为厨师拍照；

在爱尔兰，用48美元买了4条香烟，从巴黎到维也纳，费用是送给船长1条香烟；

从维也纳到瑞士，列车穿山越岭，只需要4包香烟；

给伊拉克运输公司的经理和职员摄影，结果免费到达伊朗的德黑兰；

在泰国，由于提供给酒店老板某一地区的资料，受到酒店贵宾式的待遇。

……

最终，通过罗伯特的努力，他实现了80美元周游世界的梦想。而此次旅行最重要的一点，就是在他的计划和经历中，他巧妙地利用和他人的"合作"，为自己实现目标提供了帮助。

这个聪明的犹太青年深知一个人的才智和力量是有限的，因此他懂得借力而为，实现自己的目标，这是他的过人之处。我们要学习这种智慧，学会借助别人的力量而实现自我的提升。

选择和优秀的人交往

《塔木德》中说:"一个伟大的人,他的朋友一定是伟大的。"

犹太人认为,和什么样的人交往非常重要,因为这会对对你的形象和名声、事业产生不同的影响。

例如,你身边的朋友如果都是一些事业成功且拥有很高社会地位的人,人们就会想:你一定也是个颇有本事的人。否则,你怎么能跟那些人成为朋友呢。如果你的朋友全是些普通人,那么,即使这不会损害你的形象,那周围人也不会对你产生你有大本事的印象。再比如,如果你在公司里整天同一些人们敬而远之的人打得火热，你的形象就会受损，人们自然会对你避之不及。所以说，为了塑造自己更好的形象，让自己的事业有所发展，要结交一些名声好、成功的朋友。

俗话说，和聪明的人在一起，你会变得聪明；和快乐的人在一起，你会变得快乐；和优秀的人在一起，久而久之，你自身的含金量也会提高。

在越南战争时，韦斯特摩兰将军有一次巡视降落伞部队，他问了士兵们一个问题："你们喜欢跳伞吗？"

第一位士兵回答："我爱死跳伞了，长官！"

第二位士兵回答："那是我一生中最难忘的经历。"

第三位士兵回答："我痛恨跳伞，长官！"

将军问："那你为什么还要跳伞呢？"

第三位士兵回答说："因为我想和喜爱跳伞的人们在一起。他们会让我变得勇敢！"

现实生活中，你和谁在一起的确很重要，甚至能改变你的成长轨迹，奋斗轨迹，决定你的人生成败。日本朝日啤酒前总裁广口桶太郎曾说："正如水的形状取决于盛水器皿的形状一样，人的命运取决于结交什么样的朋友。"

在人生的道路上，最不幸的事就是身边缺乏积极进取的人，缺少具有远见卓识的人，让自己在一个平庸的环境中变得不思进取。有一句话是这么说的："你是谁并不重要，重要的是你和谁在一起。"科学家们经研究认为：人是唯一能够接受暗示的动物。积极的暗示，会对人的情绪和生理状态产生良好的影响，激发人的内在潜能，使人发挥超常水平，使人进取，催人奋进。

每个人交朋友的标准都不一样，有些人专门喜欢结识比自己差的人，在他们羡慕的目光中感受到虚荣的快感。这种人是坐井观天，不会有什么大发展；而有些人则会努力结交比自己更富有、更有学识、更聪明的人，这不仅仅是为了日后能得到他们的帮助，也是为了拓宽自己的视野。

欧阳修是北宋著名的文学家、政治家。他在颖州当官的时候，手下有一个名叫吕公著的年轻人喜欢向他求教，他心里很喜欢吕公著的好学。

有一次，好友范仲淹因为路过到他家中拜访，欧阳修便邀请吕公著一同待客。席间，范仲淹对吕公著说："你能在欧阳修身边做事真是太好了，你应该多向他请教作文写诗的技巧。"

此后，吕公著在欧阳修的言传身教下，写作水平有了很大提高。

与优秀的人相处，刚开始的时候，因为优秀的人比你强很多，可能会使你感到有一些负担和压力，但不久之后，你就会发现自己各方面的才能都有了很大的提高，并且渐渐开始接近优秀的人的水平。著名网球明星康诺尔曾说："我和杰出人士在一起，会让自己变得更强大。"

是的，因为赢家周围都是赢家，赢家有足够的自信，所以，他们认为只有和与自己匹敌的高手为伍，自己才能赢得更多的胜利，走更远的路。

当然，任何事物都有两面性。与人交往也一定要谨慎。不同的职业或背景，会造就不同的习惯和性格。比如，军人多庄重严肃，文人多文质彬彬，商人多精打细算。

总之，事业成功的人一定要结交比自己优秀的朋友，如此才能不断地使自己力争上游。就像和伟大人物在一起，你会受到良好的熏陶；和卑琐的人在一起，你的品位会下降，不会有大的进步；和优秀的人做朋友，会养成良好的习惯，播下成功的种子。

中国有许多形容和优秀人在一起的名言，比如：三人行，必有我师；见贤思齐，见不贤而内自省；与善人居，如入芝兰之室，久而不闻其香，即与之化美；与不善人居，如入鲍鱼之肆，久而不闻其臭，亦与之化矣。

和优秀的人在一起，你会优秀，和勤奋的人在一起，你不会懒惰，所以，与成功者同行，你会不同凡响，与智慧者为伍，你能辨明正确方向。

"借来"自己的大目标

《塔木德》中说:"聪明人都是通过别人的力量,去达成自己的目标。"

犹太人就是善于借他人之力实现自己目标的人。他们认为,借助他人的力量,做事能事半功倍,实现目标更容易、更快捷。犹太人还认为,不管一个人的能耐有多大,他的智慧和才能都是有限的,唯有与人合作,取长补短,为己所用,才能弥补自己的不足之处。因而无论是商人、外交家、科技人才,还是其他领域的犹太精英,他们都在自己的事业中善于借力借势,以达目的。

一位出版商有一批滞销书，但他苦于找不到销售方法。一次，一个主意冒了出来——给总统送一本，于是，这个出版商送书给了总统，此后三番五次去征求总统对此书的看法。忙于政务的总统哪有时间与他纠缠，便随口而出："这本书不错。"谁知这个出版商开始大做广告："现有总统喜爱的书出售。"不久，这些书就销售一空了。

后来，这个出版商又有了卖不出去的书，他便又送了一本给总统。总统鉴于上次的经验，想奚落他，就说："这书糟糕透了。"出版商听后，灵机一动，又做广告："现有总统讨厌的书出售。"人们知道后出于好奇争相抢购，结果书又销售一空。

第三次，出版商将书送给总统，总统接受了前两次教训，便不予回答而将书弃之一旁，出版商大做广告："有总统难以下结论的书，欲购从速。"结果这批书居然又被一抢而空，总统哭笑不得，此商人大发其财。

故事中的这个出版商就是善于动脑、善于借力借势的人，不管怎样他都能挣到钱。可见，借用资源是这个成功商人的"拿手好戏"，只要他动脑筋，总能够成功。

著名的希尔顿从被迫离开家庭到成为身价5.7亿美元的富翁只用了17年的时间，他发财的秘诀就是善于借用资源经营公司。希尔顿借到资源后不断地让资源变成新的资源，最后他成为了全部资源的主人——一名亿万富翁。

第五章 犹太人的"借"智慧

希尔顿年轻的时候特别想发财，可是一直没有机会。一天，他正在街上转悠，突然发现整个繁华的优林斯商业区居然只有一个饭店。他就想：我如果在这里建一座高档的旅馆，生意准会兴隆。于是，希尔顿认真研究了一番，觉得位于达拉斯商业区大街拐角地段的一块土地最适合做旅馆用地。希尔顿调查清楚了这块土地的所有者是一个叫老德米克的房地产商人之后，就去找他。老德米克给希尔顿开了个价，如果想买这块地皮就要掏30万美元。

希尔顿不置可否，却请来了建筑设计师和房地产评估师给"他"的旅馆进行测算。其实，这不过是希尔顿假想的一个旅馆，他问建造商他设想的那个旅馆造价需要多少钱，建筑师告诉他起码需要100万美元。

当时，希尔顿只有5000美元，然而最终他成功地用这点钱买下了一个小旅馆，并不断地使之升值后卖掉，不久他就有了5万美元，然后他找到了一个朋友，请他一起出资，两人凑了10万美元。但这点儿钱还是不够买那个地皮的，离他设想的那个建旅馆的目标更是相差甚远。许多人觉得希尔顿这个想法简直是痴人说梦。

希尔顿再次找到老德米克，签订了买卖土地的协议，土地出让费为30万美元。然而就在老德米克等着希尔顿如期付款的时候，希尔顿却对土地所有者老德米克说："我想买你的土地，是想建造一座大型旅馆，可我的钱只够建造一般的旅馆，所以我现在不想买你的地，只想租借你的地。"

老德米克有点儿发火，不愿意和希尔顿合作了。希尔顿非常认真地说："如果我可以只租借你的土地的话，我的租期为100年，分期付款，每年的租金为3万美元，你可以保留土地所有权，如果我不能按期付款，那么就请你收回你的土地和这块土地上所建造的旅馆。"

老德米克一听，转怒为喜，世界上还有这样的好事，30万美元的土地出让费没有了，却换来270万美元的未来收益和自己土地的所有权，还有可能包括土地上的旅馆。于是，这笔交易就谈成了。希尔顿第一年只需支付给老德米克3万美元，而不用一次性支付昂贵的30万美元。就是说，希尔顿只用了3万美元就拿到了应该用30万美元才能拿到的土地使用权。这样希尔顿省下了27万美元，但是这与建造旅馆需要的100万美元相比，还是有很大差距。

于是，希尔顿又找到老德米克："我想以土地作为抵押去贷款，希望你能同意。"老德米克非常生气，可是又没有办法。

就这样，希尔顿拥有了土地使用权，从银行顺利地获得了30万美元，加上他已经支付给老德米克的3万美元后剩下的7万美元，他就有了37万美元。可是这笔资金离100万美元还是相差得很远。于是希尔顿又找到一个土地开发商，请求开发商和自己一起开发这个旅馆，这个开发商给了希尔顿20万美元，这样希尔顿的资金就达到了57万美元。

1924年5月，希尔顿饭店在资金缺口已不太大的情况下开工了。但是当饭店建设到了一半的时候，希尔顿的57万美元已经全部用光了，希尔顿又陷入了困境。这时，他又来找老德米克，如实介绍了资金上的困难，希望老德米克能出资，把建了一半的建筑物继续完成。希尔顿说："旅馆一完工，你就可以拥有这个旅馆，不过你应该租赁给我经营，我每年付给你的租金最低不少于10万美元。"

这个时候，老德米克已经被套牢了，如果他不答应，不但希尔顿的钱收不回来，自己的钱也一分都回不来了，他只好同意。而且最重要的是自己并不吃亏，不但饭店是自己的，连土地也是自己的，每年还可以拿到10万美元的租金收入，于是老德米克同意出资继续完成剩下的工程。

1925年8月4日，以希尔顿名字命名的"希尔顿饭店"建成开业，希尔顿的人生开始步入辉煌时期。

希尔顿就是用"借"的办法，用5000美元在两年时间内完成了他的宏伟计划，不能不说他是一个善于"利用"别人的高手。

其实这样的办法说穿了也十分简单：找一个有实力的利益追求者，想尽一切办法把他与自己的利益捆绑在一起，使之成为一个不可分割的共同体，让对方帮助自己实现目标。

现今，不论是商界、政界还是科技界的成功者，大都是善于借用别人之"势"、巧借别人之"智"的高手。

而借助他人的智慧，帮助自己达到目的，就是借力借势的技巧。在现代社会，经济迅速发展，各行业各部门之间的竞争非常激烈，单靠一个人的能力是很难取得成功的。因此，群策群力，依靠大家的力量，才能更轻松地实现目标。

犹太人公认是做生意方面的专家，他们懂得如何借力借势去实现经营目标，赚取更多的财富。如果一个犹太人在一条街道开一家餐馆，另一个犹太人则会选择开一家洗车店或是一家娱乐场所，而绝不会再开一家餐馆。因为开车去餐馆吃饭的人吃完饭顺便也会洗洗车，而专门去洗车的人也会因为有吃饭的需求而去餐馆；或者人们吃完饭之后需要放松，抑或是玩累了之后肚子饿，继而选择去餐馆吃饭。多方经营可以互相借力，共同赚钱，避免了同时干一件事带来的竞争压力。

世界上第一条牛仔裤的发明者利维·斯特劳斯也是犹太人，他是1849年美国加利福尼亚州著名的淘金潮中一员，但他并没有因黄金发家，而是借助这股淘金潮而以发明牛仔裤发了家。

利维·斯特劳斯发现大强度的劳动使得矿工们的衣服极易磨损，人们迫切希望有一种耐穿的衣服，在这种背景下，他决定放弃竞争激烈的淘金工作，独辟蹊径，最终发明了坚实、耐用的牛仔裤来满足矿工们的衣着耐固需求。

"好风凭借力,送我上青天。"虽然斯特劳斯没有赚到采掘金矿的钱,但却赚到了比淘金更多的钱。

巧借人势,靠他人之势拉起自己的事业,是借资源的一种典型表现。犹太人常常善于借助别人的力量,使自己的能力发挥到最大效果。

很多犹太商人还有一个共同特点,就是善于发现商机和拥有识人的眼光。犹太企业的老板也是把每一个员工的力量和智慧都淋漓尽致地发挥出来。

顺风而呼,声音并非洪亮,但千米之外的人能够听得很清楚;乘车骑马,不用腿跑也能日行千里;借助舟船,不会游泳也能渡过江河。所以善借他人之力之势,既"省力又增力",还能达到事半功倍的效果,何乐而不为?

✡ 寻找好平台，实现自身价值

《塔木德》中说："开锁不能总用钥匙；解决问题不能总靠常规的方法。"

犹太人认为做事不仅要实干而且要巧干，比如巧借别人的平台为自己所做事业；采取合作，以最小的成本把自己的买卖做大等等。善于借用别人的平台，顺势造势，借力使力达成自己目的，优点很多，比如成本小，资金投入少。很多犹太商人在商战中常举一反三、触类旁通，最大限度地减少投入成本，最大程度地寻找合作平台，以获取最大的收益。

石油大王洛克菲勒早期和同行业的竞争者相比实力很弱，如果和对手正面竞争的话，不一定能够获胜，于是他巧妙地借用第三者——铁路霸主的平台，以低廉的运输价格挤垮了同行，最终实现他"小鱼吃大鱼"的愿望。

经商做事，当没有平台时，要寻找合作对象，借用且善用他人的平台，这样在成功发迹的路上就会走得更快些。很多时候，人们一意孤行不仅解决不了问题，还会使问题升级，但巧借平台，可能就会做出许多大开眼界的事情来。

很多年前，阿迪·达斯勒兄弟俩在母亲的洗衣房里开始了制鞋业。他们边制作边出售，销售情况良好。兄弟俩视质量为企业的生命，不断地在款式上创新。他们不厌其烦地根据每位顾客的尺寸、脚形制鞋，于是每一双鞋都能满足消费者的要求。

由于种种有利于顾客的经营方式，使这兄弟俩的家庭制鞋作坊发展得很快，没几年时间就扩展为一家中型的制鞋厂。

在1936年的奥运会来临之前，兄弟俩发明了短跑运动员用的钉子鞋。当他们得知美国短跑运动名将欧文斯很有希望夺冠的消息后，便无偿将钉子鞋送给欧文斯试穿，后来欧文斯果然不负众望在比赛中获得了4枚金牌。兄弟俩的钉子鞋一举成名，阿迪鞋厂的鞋成了国内外的畅销货，阿迪鞋厂也变成了阿迪公司，此后专营各种体育用品，但是传统的也最著名的产品仍是足球鞋。这些球鞋在世界各个国家都非常受欢迎，阿迪达斯几乎成为了足球鞋的代名词。后来，阿迪公司借用奥运会运动员的宣传不断推出自己的品牌，比如阿迪公司发明了可以更换鞋底的足球鞋，比如，他们把这种新产品无偿送给德国足球队。

1954年世界杯足球赛在瑞士举行。不巧，比赛前下了一场雨，赛场非常泥泞，匈牙利队员在场上踉踉跄跄，但穿着阿迪达斯球鞋的联邦德国队却健步如飞，并第一次获得了世界冠军。从此，阿迪达斯名震海内外，成为世界制鞋业的王者。

阿迪达斯公司正是靠着奥运会和参赛的金牌得主们一再获得品牌上的成功，并且更为绝妙的是，他们借冠军的声名宣传自己，为公司的声势和品牌形象造势。阿迪达斯公司甚至不惜花大代价找顶级运动员或潜在的金牌得主穿上阿迪达斯公司的鞋做形象，此举是"项庄舞剑，意在沛公"。而运动员们在大赛中穿着阿迪达斯免费的鞋，实际上就是给阿迪公司的鞋做活广告，一方面可以说明阿迪达斯的鞋适合运动员穿，质量很好；另一方面也暗示了穿阿迪达斯鞋可以帮助运动员在比赛中夺得冠军。

阿迪达斯公司懂得借用平台获利的道理，多次借用了奥运会和奖牌得主们这一"平台"，使阿迪达斯鞋成为世界制鞋业的王者。至今阿迪达斯的鞋仍享誉全球，阿迪达斯公司也成功地占有着全球大部分鞋类市场。

虽然说经营任何事业都不能一步登天，但是"登天"的方法却是多种多样的，只要方法得当，就可以减少"登天"的路程。

而借用别人的平台实现自身的价值是被很多成功人士证明了的。

所以，找对平台，对于任何想创业或想提高自身价值的人来说，都是一个快速达成目的的好方法。现在是创业时代，也是竞争的时代，很多小公司或小企业，不可能立刻发展成大公司、大企业，而如果依托在大平台上，会把自身发展得很好，完美的平台能够把个人价值和他人价值双重提升、发展。

借鸡下蛋"以无变有"

《塔木德》中说:"没有能力买鞋子时,可以借别人的,这样比赤脚走得快。"

在犹太人眼里,一切都可以"借",于是,他们借资金,借技术,借人才……凡是自己没有的都去"借"。"借"是他们获得成功的另一大诀窍。

很多犹太人都是白手起家,他们自己所拥有的原始资金同创业所需的资金相差太远,可是他们懂得如何用好自己的"资本",然后寻找能借给他资源、平台的合作者,以无变有。即使

第五章 犹太人的"借"智慧

一些犹太人已经腰包满满，但还是习惯于"借"，用别人的钱给自己挣大钱。

比如，犹太人善于借贷，常常从银行借贷资金，让银行的"鸡"为自己下"蛋"。美国亿万富翁丹尼尔·洛维洛就是以这种方式发家的。

洛维洛在接近40岁时还很穷，后来他突然间"明白"了，他发现了用别人的钱来给自己赚钱的方法。他的具体做法是：先向银行借得贷款，买一艘普通的旧货轮，然后将它改装为油轮，包租出去。

后来，洛维洛又巧妙地以这条船做抵押，到银行借得另一笔贷款，接着又买了一条货船，将其改装成油轮后出租……

若干年过去了，洛维洛不断地贷款、买船、出租，生意越做越大。每当他还清一笔贷款，就意味着有一条船已名正言顺地变成了他的私有财产，租金收入也不再作为还贷款项交给银行，而是落入洛维洛的私人腰包。

后来，洛维洛借钱赚钱的方法又迈上了一个新台阶，几乎到了登峰造极的地步。他先组织人设计和建造一条船，然后在安放龙骨以前，找来某家运输公司，让这家运输公司预定包租这条八字还没有一撇的船。再然后，洛维洛拿着运输公司与他签订的租船合同并以未来的租金收入做担保到银行贷款，然后用贷到的钱建造这条船。经过数年时间，当这笔贷款连本带息全部偿还之后，这条船又是洛维洛的了。

如此这般，洛维洛没花一分钱，便成了一条条轮船的主人。如今，洛维洛不但拥有世界上首屈一指的私人船队，还拥有了众多的旅店、办公大楼及钢铁、煤矿、石油化工公司。

借钱生钱是"借鸡下蛋"的一个最典范的运用。除此以外，借势生势、借名生名的道理也是如出一辙。"借"的关键是你要学会如何变通地借助外界的庞大势力，"垫高"自己赚钱以及发展事业的高度。

数十年前，美国黑人化妆品市场由佛雷化妆品公司一家独霸。后来，一位名叫乔治的供销员看准这一行生意前景光明，便毅然辞职，独立门户，创建了当时只有500美元资金、3名职员的乔治黑人化妆品制造公司。

乔治很清楚自己公司当时的境况，弱小势薄，很容易被大集团吞并，但他想如果自己想迅速发展，必须借助大集团的势力。于是，当乔治的工厂所生产的粉质化妆膏产品上市以后，他立刻打出了这样的广告：当你用过佛雷公司的产品后，再抹上乔治粉质化妆膏，将会有意想不到的效果。表面上看，乔治的广告是在为佛雷化妆品公司做宣传，而实际上是借用佛雷化妆品公司的名气打响自己的品牌。

结果顾客们很快地接受了乔治公司的产品。乔治一鼓作气又推出了黑人化妆品系列，扩大了市场份额。

第五章 犹太人的"借"智慧

如今,乔治公司已经在美国黑人化妆品市场占据了举足轻重的地位,并且把眼光投到了其他有黑人的国家。试想,要是乔治公司没有借助当时佛雷化妆品公司的影响力,乔治公司的化妆品又怎么能如此之快地占据市场呢?

对于白手起家的乔治公司来说,"借鸡下蛋"让乔治公司成为了化妆品市场的霸主之一。所以,即便一无所有,只要能"借鸡"来"下蛋",同样会让自己成功。借资源,借各种条件来发展自己、壮大自己,是一种不错的成功方式。今天奥运会的运营模式也是从尤伯罗斯"借名生利"的成功范例中摸索出来的。

美国一家旅游公司副董事长尤伯罗斯,在任第23届洛杉矶奥运会组委会主席时,为奥运会赢利15亿美元。而这15亿,是他靠非凡的"借术"得来的。

奥运会是当今最知名的体育盛会,但以前却亏损得非常厉害。1972年在慕尼黑举行的第20届奥运会所欠下的债务,久久不能还清;1976年加拿大蒙特利尔第21届奥运会,亏损10亿美元。1980年在莫斯科举行的第22届奥运会耗资90多亿美元,亏损更是空前。

从1898年奥运会创始以来,奥运会几乎变成了一个沉重的"包袱",谁背上它都会被它造成的巨大债务压得喘不过气来。在这种情况下,洛杉矶市却奇迹般地提出了申请,声称将在不以任何名义征税的情况下举办奥运会,特别是尤伯罗斯任组委会主席后更是明确地提出，不要政府提供任何财政资助，政府不掏一分钱的洛杉矶奥运会将是有史以来财政上最成功的一届奥运会。

没有资金怎么办？借。在美国这个商业高度发达的国家，许多企业都想利用奥运会这个机会来扩大本企业的知名度和产品销售额。尤伯罗斯清楚地看到了奥运会本身及身后所具有的价值，把握了一些大公司想通过赞助奥运会以提高自己知名度的心理，决定把私营企业赞助作为经费的重要来源。

尤伯罗斯亲自参加每一项赞助合同的谈判，并运用他卓越的推销才能，凭借"挑起"同业之间的竞争来争取厂商赞助。对赞助者，他不因自己是受惠者而唯唯诺诺，反而对赞助者提出了更高的要求。比如，赞助者必须遵守组委会关于赞助的长期性和完整性的标准，赞助者不得在比赛场内、包括空中做商业广告，赞助的数量不得低于500万美元。当届奥运会正式赞助单位只接受30家，每一行业选择一家，赞助者可取得当届奥运会某项商品的专卖权。

尤伯罗斯这些听起来很苛刻的条件反而使赞助具有了更大的诱惑性，各大想赞助的公司拼命抬高自己赞助额的报价。仅靠这一个妙计，尤伯罗斯就筹集到了385亿美元的巨款，是传统做法的几百倍。另外，尤伯罗斯提出赞助费中数额最大的一笔交易是出售电视转播权。

尤伯罗斯巧妙地"挑起"了美国三大电视网对独家播映权的

争夺战，借他们竞争之机，尤伯罗斯将转播权以28亿美元的高价出售给了美国广播公司，从而获得了当届奥运会所需的1/3以上的经费。此外，他还以7000万美元的价格把奥运会的广播权分别卖给了美国、欧洲和澳大利亚等。

规模庞大的奥运会，以往所需服务人员的费用是一笔很大的开销。尤伯罗斯在市民中号召无偿服务，于是成功地"借"来三四万名志愿服务人员为奥运会服务，而代价不过是一份快餐加几张免费门票。

奥运会开幕前，要在希腊的奥林匹亚村把火炬点燃，然后将火炬空运到纽约，再绕行美国的32个州和哥伦比亚特区，途经41个大城市和1000个镇，全程15万公里，通过接力，最后传到洛杉矶，在开幕式上点燃火炬。

以前的火炬传递都是由社会名人和杰出运动员独揽，并且火炬传递也只是为了吸引更多的人士参与奥运会。有的国家花了巨资却吃力不讨好，有的国家干脆用越野车拉着到火炬全国转一圈就完了。尤伯罗斯看准了这点：以前只有名人才能拥有的这份权利、殊荣，一般人也渴望得到。

尤伯罗斯宣传：谁要想获得举火炬跑一公里的资格，可交纳3000美元。于是人们蜂拥着排队去交钱！人们都认为这是一次难得的机会，因为在当地跑一公里，有众多的亲朋、同事、邻居观看、鼓掌、喝彩，这是种巨大的荣誉。尤伯罗斯仅这一项又筹集了4500万美元。

另外，在门票的售出方式上，该届奥运会打破了以往奥运会当场售票的单一做法，提前一年将门票售出，由此获得了丰厚的利息。

由于尤伯罗斯成功的经营，此届奥运会总收入619亿美元，总支出为469亿美元，净赢利为15亿美元。收支结果公布后，一下子轰动了全世界。

尤伯罗斯成功的秘诀其实就是"借鸡下蛋"，他通过巧妙制订策略成功地"借"到了大量的财力和人力，扭转了奥运会一直亏损的局面，做出了具有历史转折意义的事情。尤伯罗斯运作奥运会的成功，更加充分地说明了借用外力的重要性和可行性。

每个人的"本钱"都是有限的，即使再聪明，再能干，也不可能样样精通；即使再富有，再有背景，也不可能无所不有。所以，要想成就一番大业，"借鸡下蛋"的智慧是必不可少的。

第六章

犹太人的包容智慧

✡ 自强是发展最重要的事

《塔木德》中说:"痛苦之中蕴含着一种力,而且痛苦是一笔财富。"

犹太人懂得痛苦生出智慧,磨难使人坚强。他们不怕痛苦,但怕自己不自强,因为他们深知痛苦不能改变境况,只有奋斗才能收获财富。

香港巨富李嘉诚的两个儿子李泽钜和李泽楷都以优异的成绩在美国斯坦福大学毕业,想在父亲的公司里施展宏图,干一番事业,但李嘉诚果断地拒绝了:"我的公司不需要你们!还是你们自己去打江山，让实践证明你们是否合格到我公司来任职。"

于是，兄弟俩去了加拿大，一个搞地产开发，一个去了投资银行，他们克服了难以想象的困难，把公司和银行办得有声有色，成了加拿大商界出类拔萃的人物。李嘉诚的"冷酷无情"，把孩子们逼上了自立、自强之路，陶冶了他们勇敢坚毅、不屈不挠的人格和品性。

有一项心理研究，研究成功者是如何取得成功的。研究人员从不同行业中各选出了12个人，把他们集中在一起进行测试。

被试者的年龄集中在30～40岁，有男有女，共同点是都取得了令人瞩目的成就，是同龄人中的佼佼者。这些被试者均已经成家，都有幸福的家庭生活，子女在学校表现很好，非常适应学校生活。这些人似乎都能点石成金，无往不胜。

研究人员对这些被试者进行了各种形式的测试，有时候是一组，有时候是单独的个人。其中一项测试，是要求被试者在一张纸上按优先顺序，写下他们认为生活中最重要的三件东西。

测试中，有两个现象引起了研究人员的注意。一是这些人对待这项测试的认真态度。第一个交卷的人花了40多分钟，更多的人则花了一个多小时。尽管后交卷者看到同组的多数人都已交卷，但仍很认真地、一丝不苟地做完了问卷。另一个值得注意的现象是，在每个人的答卷上，虽然排在第二和第三的选项各不相同，但所有人的第一个选项"创业靠谁"都不约而同地完全一致:"我自己",而不是"爱情""上帝""我的家庭"。

美国总统罗斯福也是一个十分注重培养孩子们独立人格的人。他有句名言:"在儿子面前,我不是总统,只是父亲。"他反对孩子们依靠父母过寄生生活。他让孩子们凭自己的本事自食其力。大儿子詹姆斯20岁去欧洲旅行,临行前买了一匹好马,然后打电报向父亲求援。父亲回电话说:"你和你的马游泳回来吧!"儿子只好卖掉了马,换成路费回家。"二战"打响后,罗斯福的四个儿子都上了前线。当罗斯福病故了,他们却还都坚守在自己各自的军舰上,用这种特殊的方式为父亲送行。

那么,人如何做到自强呢?

1. 丢掉与人比较的习惯

人要跳出"与别人比较"的思维模式,而成为与"自己比较"的独立的自我。做到这点很不容易,因为每个人从小到大所受的教育与社会影响多半是与别人比较,很多人已经养成了比较的习惯,所以,这个习惯必须改掉。人只有不与别人盲目地比较,才能自强不息。

2. 肯定自己的优点

明确自己身上的优点并加以肯定对人的成长极为重要。人在许多场合下,如果让其写下自己的优点时会觉得很困难,但要求写缺点时,却很快。这就是不自信的表现。一个连自己都不相信的人,又怎么会自强呢?所以,为了培养自信心,不妨每天早中晚念三遍自己的优点，一段时间之后，你会发现自己更加自信了。

3. 要不断反省自己

每天记下自己所做的事，在好的方面如"努力""认真""勤劳"等上面打一个记号，在需要改进及欠缺的方面如"骄傲""懒惰"等上面打一个记号。晚上做一个总记录，然后好好地自省，肯定所做的好事；对需要改进的事则告诉自己说："今天我有些自私，明天我会改进，这样会做得更好些。"反省自己，肯定对的，改掉错的，能使你有学习、改进和成长的机会。

4. 宽容的对待自己和别人

人生就是一场旅途，会碰到许多人，也会经历许多事。既不要严厉地责怪自己，也不要对他人吹毛求疵。要多欣赏自己与他人的优点，包容谅解他人的缺点，这样才能更好地自强。

自强对一个人的成功至关重要。人一定要学会不依赖他人自强自立，自尊自爱，这样才会改变自己的命运，在事业发展上迈步更大。

信任是和睦的"保单"

《塔木德》中说:"契约与合同一旦签订,就没有协商的余地了。"

犹太人认为,信任是合作的基础,合作一旦开始,要相信对方是诚实的、可信赖的、正直的。

从前有一个人,去拜访一位很久未见面的朋友。与朋友见面之后,他们谈话非常投机,不知不觉已到了午饭时间,朋友便留此人用餐。一会儿,上了两碗面条,面条闻起来很香,只不过是一碗大一碗小。朋友看了一下,便将大碗推到此人面前,说:

"你吃这个大份的。"按常理此人也要谦让一下,将大碗再推回到朋友面前,表示恭敬。没想到那人看也不看朋友一眼,径自低头大吃起来。朋友见状,双眉紧锁,有些不悦。

那人并未察觉,吃得津津有味。等他吃完,抬头却见朋友的碗筷丝毫未动,于是笑问朋友:"您为何不吃?"朋友叹了一口气,一言不发。那人笑着说:"您生我的气啦?嫌我不懂礼仪,只顾自己狼吞虎咽?"朋友没有答话,只是又叹了一口气。那人接着问道:"我问一个问题,我们如此推来让去,目的是什么?""让对方吃大碗。"朋友终于答话了。

"这就对了,既然让对方吃大碗是最终目的。那么如你所想,争相推来让去,何时将面条吃下肚?我将大碗面条吃了下去,你心中不悦,难道你谦让的目的不是真心?你吃是吃,我吃也是吃,如此推来让去又有什么意义呢?"朋友听完那人的一番话,心中顿悟。

故事中的这个人一语道破了虚伪的假面,一语戳破了虚伪的软肋。信任是一种依赖关系,既然取得了他人信任,就要不疑、不猜。

心理学认为:信任有三个关键要素:真实性、逻辑严谨性、同理心。如果你感觉到对方真实,对方逻辑严谨,对方有同理心,就可能会相信对方,如果其中一项动摇你的信念,你和对方之间的信任就会受到威胁。

比如，很多人都在追求美好的爱情，希望最终找到一个真正爱自己的人，但这需要自己有一双智慧的眼睛和观察他人的心智。真爱也许不需要甜言蜜语，也没那么浪漫，甚至没有精致的包装，没有夸口的承诺，但是有内在的情感保证。真爱也并不是永远不会出现变化，但这种改变不会有损爱的根基。

安杰拉一直找不到合适的伴侣，后来她与文质彬彬的埃布尔相识了，对方正是安杰拉喜欢的类型，不善言辞，也不像以往交际的男人那样花言巧语。可是两人交往了一段时间后，安杰拉陷入了苦恼之中，她总觉得两人之间还欠缺点什么。

有一次，安杰拉到埃布尔家吃饭，埃布尔家人很多，桌子有点儿小，碰杯举筷多有不便。于是，安杰拉减少了举筷子的次数。这个细节被埃布尔看见了。他起身离席和安杰拉身边的人换了位子，坐到了她的左边——安杰拉因这小小的举动却充满了爱的温暖，感觉告诉她：埃布尔就是她今生期待的那一个人，这才是真爱。

以后每次吃饭，埃布尔都会坐到安杰拉的左边，两人都没有明说，但他们都知道，这就是真爱的感觉。

古往今来，爱情永远是最美好的一种情感，但究竟是什么使它如此美好呢？是真诚的关怀、理解与付出。毕淑敏曾说："不敢说有了真诚就一定有爱情，但可以说没有真诚就一定会丢掉爱情。"

从这个意义上讲，信任是爱的保单。维系爱情之树长青需要的必是彼此的信任与包容。

著名学者季羡林老先生，是一个学富五车的大学者，大作家，有着很高的社会地位。但他的老伴却是个没有文化，有着中国传统美德的女性。季先生并没有因自己与夫人在知识和地位上的不同，而看不上自己的老伴。在他们组成家庭的几十年里，他们几乎没吵过一次架，没红过一次脸，相互关怀，相互扶持，真挚的爱，在他们身上烁烁闪光。

真诚的爱情，绝不是信誓旦旦地倾诉，也不需要海誓山盟，应该在风雨中互相依靠，在人生路上互相牵手。人相互之间宽容大度，互相信任，才能一路前行，互助互爱。

爱情如此，事业如此，生活也是如此，信任，是促成事业发展的基础，信任能保障家庭的和睦，信任是朋友交往的通行证，信任也是人的好品德之一。不管你想赢得别人的尊重还是合作，只有信任才能合作长久，尊重长久。

对待批评要正确看

《塔木德》中说:"不要自以为是,直到死的那一天!"

犹太人认为人要经得住批评,因为自己不是圣人,不可能没有缺点。

生活中,假如有人批评你很笨,你应该怎么办呢?是针锋相对、嗤之以鼻,还是冷静思考?是痛恨这个人、远离这个人,还是靠近这个人?

西方谚语说:"恭维是盖着鲜花的深渊,批评是防止你跌倒的拐杖。"谁会对你的错误横加指责呢?除了真正关心你的人,别人也许都不会。当你犯下错误时，对于你的竞争对手来说，可谓是"期盼已久"；对于那些不把你放在眼里的人来说也是"无所谓的事儿"；所以，对于和自己毫不相干的人来说，你"出事"，他人可能会幸灾乐祸或者当作笑料冷笑一下，但这时候，谁会对你更加关心呢？是批评你指责你最厉害的那个人。因为他要让你知道你存在哪些不足和缺点，以便你能逐步弥补和改掉，不断去完善自己。

爱德华·史丹顿曾称林肯是"一个笨蛋"。史丹顿之所以这样说，是因为林肯插手了自己范围的事物。

有一次，为了一个很自私的政客，林肯签发了一项命令，调动了史丹顿的军队。

史丹顿不仅拒绝执行林肯的命令，而且大骂林肯签发这种命令是笨蛋的行为。结果怎么样呢？当林肯听到史丹顿说的话之后，他很平静地说："如果史丹顿说我是个笨蛋，那我一定就是个笨蛋，因为史丹顿几乎从来没有出过错。我得亲自过去看一看。"

林肯果然去见了史丹顿，当他知道自己签发了错误的命令后，赶快收回了命令。林肯认为，只要是有诚意的批评，是以知识为根据有建设性的批评，他都非常欢迎并接受。

"批评者是我们的益友，因为他点出了我们的缺点。"美国伟大的科学家富兰克林说："听惯了谀辞的人常常狂妄自大，只有虚心接受批评的人，才能改正缺点，提升自己。"

名人都这样，我们更应养成虚心接受批评的习惯。

人是感性动物，都希望得到肯定和赞美。如何才能心甘情愿地接受他人的批评？首先就要明确真正关心自己的人才会真正批评自己。这样想来，每次批评都是自己在得到别人的关爱，自己的自尊心就会好受一些，也就更容易接受批评，从而改正缺点。

查尔斯·卢克曼是培素登公司的总裁，每年花100万美金资助鲍勃霍伯的节目，但他从来不看那些称赞这个节目的信件，却坚持要看那些批评的信件。他知道他可以从那些批评信里了解到很多东西，可以找出节目在管理和业务方面有什么样的缺点。

所以，如果你听到有人批评自己，先不要替自己辩护。因为，很多时候，别人的批评要比我们自己的意见更接近实情。人要保持谦虚谨慎、诚恳诚实的品格，这样才能有所进步。

有三个学习绘画的人一次将自己的得意之作标价出售，而一位顾客对此三人却说了一句相同的话："您的画怕是值不了那么多钱吧？"

画家甲听后，对自己的画仔细掂量，认为自己的确技术不精，从此，他刻苦努力，最后成为了著名的画家，他就是丁托列托。

画家乙听后只是轻轻地将画撕毁，从此改行，学习雕塑，也成为了一代宗师。

画家丙则认为顾客是在大放厥词，至今，他仍是一个三流的画家，以卖画糊口，过着流浪的生活。

批评有时是动力，能激发人向上的欲望，有时会指引人走向另一个成功的巅峰。人要在虚心接受批评的前提下，分析、总结自己身上存在的问题，才能提高和完善自己。所以当有人批评你时，先不要辩解。要谦虚，要冷静，要相信批评者是因为关心自己才批评自己的，所以要采取有则改之，无则加勉的态度。

为人处世是人生很重要的一课，人只有知错才会有改过的希望。人不是圣人，都有或大或小的缺点，所以只有不断地修正自己的错误行为，才能使自身不断完善。

很多人的问题是懂得"发现别人的错"，却不懂得发现自己的错，甚至因为别人的批评而敌视对方、仇视对方。所以，我们应当时常在心里自省一些问题，比如，"我自己是否存在问题？我如何才可以将这件事做得更好？"这样考虑问题，实际上是先承认了"这事可以做得更好"，然后会继续思索怎样改进，这样即使有人对你指责批评，你也会乐观接受。

那么，人应当如何以正确的态度对待别人的批评呢？在此提出三点建议：

第一，要每隔一段时期检讨一下自己的行为，并想想在哪些方面你可以做得更好，这种想法有助于自省；

第二，当别人批评你时，要冷静思考，看看自己哪些做得不对，而不要一味地归因于客观因素；

第三，别人出言批评你，首先应当虚心接受这些批评，然后反躬自省，有则改之，无则加勉。

拒绝善意的批评和忠告不是英雄气概，而是怯于面对现实，会使人失去正视错误和进步的机会。经常用上述方法进行自我检讨，你会更加懂得如何更好地做人做事！

✡ 感恩是生活中的大智慧

《塔木德》中说:"聪明的人会随时心怀感恩,感谢上帝赐予自己的一切。"

感恩是犹太人的传统美德。犹太人不喜欢仇恨,对他人的批评虚心接受,他们不记仇,只记得感恩,这是他们的处世哲学,他们认为感恩使他们的生活变得更加美好。

在犹太人中有一个不成文的传统,即人如果有成就,应该留下一部分给穷人。感恩不能只是说说,要用行动来体现。

正是这种传统,犹太人认识到自己所拥有的财物,虽然是经过自己的努力得来，但也要有感恩回馈心态。因为如果是自私心态，或者斤斤计较心态，就会只知索取，使私欲膨胀。

而感恩心态是对一个没有关系或关系不够亲密的人一种回馈心理。犹太人对他人的善意特别敏感，可能一个在别人看来微不足道的恻隐之心就能让他们感动，即使他们遭受到不公正的待遇，他们也秉持感恩的信念而不是想着报仇。

2010年上海世博会上，在以色列馆门口摆放的是犹太人的感恩展示。

一块巨大的展板上写着："犹太人在上海的求生之路——生命的纽带。"

下面的小字详细地介绍了背景：二战期间，约有3万犹太人在上海得到了中国人民的安全庇护，使他们从欧洲残暴的大屠杀中逃离出来。中国人民高尚的举动将永远被犹太人民铭记，另一句话则是引用以色列前总理伊扎客·拉宾在1993年访问摩西会谈旧址时的留言："第二次世界大战时上海人民卓越无比的人道主义壮举，拯救了千万犹太人民，我谨以以色列政府的名义表示感谢！"

这就是犹太人的伟大之处，他们虽然深受苦难、屡遭迫害，但他们记住的是感恩而非复仇。犹太人把感恩看得如此重要，因为他们曾深切地感受到苦难的意义，所以，对别人的点滴恩惠都会报以最诚挚的感谢。

第六章 犹太人的包容智慧

众所周知，希特勒对犹太人犯下了滔天的罪行。20世纪中期，纳粹屠杀了全世界2/3的犹太人，理所当然应该成为以色列不共戴天的仇敌。但以色列的国民教育中并没有多少仇恨德国的内容。这个国家建立了规模宏大的纳粹大屠杀纪念馆，但目的不是为了让以色列人民记住民族的血海深仇，而是为了警示国人：不要忘记经历过的苦难，国家对犹太民族太重要了，以色列国来之不易，犹太人要珍爱自己的国家。

犹太人没有念念不忘对纳粹德国的仇恨，但他们却记住了德国恩人的名字——辛德勒。辛德勒的名字在以色列家喻户晓，这个德国人基于人性的善意，在邪恶近乎浸染了整个德意志民族时仍坚守自己的良知，冒着倾家荡产和被杀的危险拯救了几百名犹太人的生命。60年过去了，以色列并没有忘记自己的恩人，很多犹太人每年都要用不同的方式来纪念这个德国人。

犹太人对中国更是满怀感恩情结。二战期间，纳粹德国想要灭绝整个犹太民族。中国的上海却向他们敞开了一扇小门。消息传出，短时间内世界各地共5万犹太人逃到上海避难。

战后，5万犹太人中的绝大部分成为了以色列复国后的第一代开国元勋。犹太人把在中国上海的避难史写进了以色列的教科书，也写进了不少犹太族谱家史中。

在以色列的利顺市有一个独立广场，立有一个纪念碑，上面写着："中国人，我们不会忘记你们的恩情！"

如果在水中放进一块小小的明矾，就能沉淀所有的渣滓。如果在我们的心中培植一种感恩的思想，则可以沉淀许多浮躁、不安，消融许多不满与不幸。饱受艰辛苦难的犹太人历尽种种艰辛之后，体会到的是感恩的真谛。

感恩会使生活变得更加美好。伟大的犹太科学家爱因斯坦在《我的世界观》一书中写道："我每天上百次地提醒自己，我的精神生活和物质生活都依靠着别人（包括生者和死者）的劳动，我必须尽力以同样的分量来报偿我所领受了的和至今还在领受着的东西。我强烈地向往着俭朴的生活，并且时常为发觉自己占用了同胞过多的劳动成果而难以忍受。我认为阶级的区分是不合理的，它最后所凭借的是暴力。我也相信，简单淳朴的生活，无论在身体上还是在精神上，对每个人都是有益的。"

马尔克斯是《百年孤独》的作者，他年轻时供职于波哥大《观察家报》，1955年，来到巴黎。马尔克斯认为巴黎是座熬人的炼狱。当时他穷困落魄，举目无亲。多年以后，他是这样回忆的：没有工作，一人不识，一文不名。因为语言不通，无法出去找活干，只能在旅馆待着，忍受着煎熬。他整天饥肠辘辘，实在生活不下去了，他就出去捡破烂，换上几口吃的。这样的生活过了整整两年。但他却在痛苦地期待和期待的痛苦中奇迹般地活了下来。过后他才知道，许多拉丁美洲的流亡者也都有过类似的乞丐经历。

马尔克斯住在弗兰德旅馆，他根本没有钱交房租。不过，弗兰德旅馆的老板拉克鲁瓦夫妇不但不催不逼，最后似乎还不得不由马尔克斯徒托空言一走了之。

在马尔克斯的《百年孤独》出版之后，马尔克斯成为了举世闻名的人物，也改善了他的经济状况。

有一天，马尔克斯想起了在弗兰德旅馆的落魄生活，想起了曾经帮助过他的旅店老板拉克鲁瓦夫妇。于是他悄悄来到拉丁区，寻找弗兰德旅馆。旅馆依然如故，只是物是人非，他再也见不到拉克鲁瓦先生了。好在老板娘尚健在，她一脸茫然，根本无法将眼前这位西装革履、彬彬有礼的绅士同十多年前的流浪汉联系在一起。马尔克斯请老板娘一定要收下他当年欠下的房租和他的一点儿心意。

拉克鲁瓦夫妇以其善良没让一个可怜的文学青年流落街头。在马尔克斯最艰难的时候让他尚能感受到人间的温暖，使他走过了那段阴霾的日子。

感恩是人的一种美德，也是生活中的大智慧。感恩的人即使成功了也不会忘记报答恩人、回馈社会、造福他人，所以，让我们培育自己的感恩之心，慢慢体会世间的温暖与幸福吧。

谦恭和气能生财

《塔木德》中说："坑蒙顾客就是播种仇恨，和气微笑带来的则是滚滚财源。"

犹太商人在生意场上总是以和气与笑脸面对他人，即使与对方存在意见分歧，也能做到微笑着否定，在面对对方发脾气时，犹太人在分手仍不忘道声"再见"；如果第二天早上又见面，仍能真诚地和对方打招呼。这就是犹太人的和气之道：在人际关系中以和为贵。

你有没有发现一种现象：说话和蔼可亲，做事的时候表现和善的人通常会被认为是随和的人，大家都愿意去结识？这种现象在心理学上有一种说法，叫"亲和效应"。亲和效应是人们在交际应酬时很重要的一个法则。交往中，有着和气态度的人，会让周围的人更加容易接近。而这种相互接近，通常又会使交往对象之间萌生亲切感，从而使得交往的关系更近一步。

与人交往，重在和气，这是成功建立人际关系的第一步。犹太人正是利用和气与谦恭的态度，赢得人们的信任，从而利于自己实现目的。

在美国有这样一个故事：

在一个传统市场里，有一个犹太妇人的摊位生意特别好，这引起了他人的嫉妒。有一段时间，她的店门口常有一地的垃圾，但这位妇人从不高声叫骂，她也不说什么，每每把垃圾扫到自己摊位的角落。

这则故事，让我们看到了人性的美与善良。面对他人给出的难题，我们应像这位妇女一样，换一个角度，换一种想法来思考，尽量化干戈为玉帛，化诅咒为祝福，大事化小，小事化了，体现出包容宽容的"爱心"。

美国希尔顿酒店创始人康德拉·尼古逊·希尔顿出生于一个小皮货商贩之家。1919年，希尔顿接过父亲给的2000美元，连同自己积攒的3000美元，开始了他的经商之旅。很多年之后，希尔顿的资产奇迹般增长到5100万美元的时候，他欣喜地把这一成绩告诉母亲。

想不到，他的母亲却说："依我看，你跟从前没有两样……事实上你必须把握住比5100万美元更值钱的东西，要想办法让每一个住过希尔顿酒店的人再来住，你要想出这一种简易、不花本钱而行之久远的办法去吸引顾客。"

母亲的话给希尔顿带来启发，同时也使他陷入迷惘。希尔顿反复思考，并亲自去逛商店，住旅馆，以一名普通顾客的身份去亲自体验、感受。

功夫不负有心人，他终于找到了答案：那就是和气生财。于是，希尔顿实行了以微笑服务体现和气生财的经营策略。在此后的经济危机中，希尔顿酒店的服务员们脸上仍带着微笑。结果，经济萧条一过，希尔顿旅馆就率先进入新的繁荣时期。今天，希尔顿酒店已在世界五大洲各主要城市开设了数百家分店，年营业额超百亿美元。这就是希尔顿"和气生财"的信念所至。

经商就是做人，做人要做好，生意也就不会太差。犹太人生意的运作方式其实就是人际关系的维护，他们认为人际关系是一种生产力，因此，犹太人在与人交往的过程中，始终保持和气之态，与周围的人融为一体。

劳伦是位女商人。平日穿着时髦的衣服，处处讲究品位。后来劳伦搬到了西南部的一个小城镇。尽管她喜欢这个城镇和那里的居民，但她感到自己好像不受当地人欢迎。

后来，她的一位朋友对她说，她的穿着和交谈方式让当地人觉得她在装腔作势，高人一等。从那以后，劳伦像当地人那样，穿着随意，经常与人谈论当地的事情，频繁参加社交活动，试着让别人觉得自己更加容易接近。虽然一开始劳伦也不舒服：比如，不习惯穿咔叽布的衣服，不习惯谈论经营牧场，但是慢慢她发现，她与新邻居和同事交流更加容易了。

这就是"亲和效应"的具体表现，心理学研究表明，每个人的外表都直接或间接反映了他的内心。比如穿着、说话的方式、动作、眼神，都在告诉别人你是否友善，是否愿意和人交往。如果你的表现孤傲，大家会觉得你很难相处，也就没有人愿意和你交往了。

在与人交往的时候，大多数人还会有一种倾向，即看起来比较亲和的人，人们会更乐于亲近他，因为大家潜意识里把亲和的人当作是"自己人"，觉得可以轻松地与之交谈、交往。

罗宾和几位同事一块参加一个酒会。其中一个同事又说又笑，在讲过去做的一些有意思（搞笑）的事情。然而这些故事罗宾以前听过，所以他显得有些厌烦。罗宾想和聚会上其他客人聊一聊，但其他的人更多的是围着那个同事转。

"曲高和寡"在人际交往中是一个大忌，如果你高高在上俯视众人，那么，大家就会远远地看着你而不会真正地与你"走近"。所以，掌握一些简单、易学的交往技巧，来提高自己的亲和力,就可以成为一个受人喜爱的人了。

1. 做一个平易近人的人

要做一个平易近人的人,与别人打交道时就要注意营造轻松的气氛。也就是说,在别人和你打交道的时候,不要让人有一种紧张感。

有的人总是给人一种难以接近的感觉,这往往是一个在交往中难以克服的障碍;而一个平易近人的人则会很好相处,他们不仅言谈举止很自然,还会营造一种舒适、愉快、友好的氛围。

2. 做一个为他人着想的人

如果一个人总是设身处地地为别人着想,就会让他人不紧张、不拘束,更不会让他人觉得尴尬难堪。

据说,莎士比亚就具有善解人意的神奇能力。在和别人交往的过程中,莎士比亚像一条"变色龙",能根据交往对象的不同特点,随着时间、地点的变化,随机应变。这样的人怎能不受人喜欢呢?

3. 做一个具备宽阔的胸襟的人

具备宽阔胸襟的人,待人接物时落落大方、不卑不亢,有包容心,不对别人态度冷淡,不对别人生气,即使他人"冒犯"自己,也能宽容,这样的人到哪都是"香饽饽"。

4. 做一个具有良好的品格的人

某个大学的心理学系对100个受人喜爱和100个令人讨厌的人

的个性特征作了科学分析，研究结果表明：一个人要想赢得别人的喜爱就必须具备46个引起人们好感的个性特征，如忠诚、正直和具有爱心等，也就是说，你要想为大众所接受就必须具备许多优秀的品格。

5．做一个能够仔细分辨别人的动机的人

一个社交能力强的人，必定会考虑到自己行为的后果，会预测到别人的可能行为，而所有这些，都是在相关因素可能变动的情况下做出的。

因此，只有认知能力较强、善于察言观色的人，才能在复杂多变的情况下应变自如。这种人际交往智慧每个人都具有，关键是怎样使之不断增强，在人际交往中发挥出来。

6．做一个不断克服自身的弱点的人

如果你不是很擅长和别人打交道，时常给人以刻板和严肃的感觉，你就应该在自己身上找找原因，而且要下决心改掉自己刻板严肃的形象。

要做到这一点，就必须非常诚实，敢于解剖自己，甚至还需要接受一些性格优化方面的训练。比如，对性格方面所谓的"弱点"进行分析，进行改变，逐步克服自己的弱点。

7．做一个为别人祝福的人

学会为别人祝福是非常重要的，因为当你为别人祝福的时候，你和别人之间的关系就上升到了一个新的高度。当你向别人坦露出你对他人最美好的情感时，他人也会向你坦露出对你最美好的情感。如此一来，一种亲密的关系便能建立起来了。

8. 做一个尊重别人的人

你尊重别人，别人也会尊重你；你喜欢别人，别人也会喜欢你。

在人际交往中，尊重别人是赢得他人喜爱的一个重要因素。对每一个人来说，人都希望自己的自尊心得到满足，自己能被他人了解、被他人尊重、被他人赏识。

所以不要随便贬低别人，不要随意伤害他人的自尊，因为，只有尊重他人，他人才会尊重你。

如果你已经走完了人生的一大半，到建在还没有建立起和谐的人际关系的话，不要认为一切都不可能改变，你可以采取上面明确的步骤去解决这一问题。

犹太人认为，谦恭和气是一个人有涵养的象征，因为播撒谦恭和气给别人，自己也会收获幸福和成功。

所以，只要你愿意为此付出努力，你完全可以改变自己，成为一个和气谦恭的人，这样你也就会有更多的朋友。

改变，什么时候都不晚。

第六章 犹太人的包容智慧

✡ 人品重于商品

《塔木德》中说:"默默的关怀与为别人祈祷,都是一种无形的行善。"

犹太人认为人是具有社会性的,任何人都不可能独立地生活,必须依靠其他的人,好人品是行走社会最好的名片,商品有价但人品无价。

既然如此,要想使自己财富更多、事业更有成,就必须使自己拥有与更多的人和谐相处的能力,实现在彼此和谐中一同成长。

人拥有好人品会广交朋友,好人品也会让你关心朋友,对朋友的困难真诚地施以援手；好人品会让你自律、约束自己，理性做事，虚心学习。

乔·吉拉德被认为是世界上最伟大的推销员，他的工作是汽车销售。他认为：卖汽车，人品重于商品。一个成功的汽车销售商，肯定有一颗尊重别人的心。

有一天，一位中年妇女从对面的福特汽车销售商行，走进了吉拉德的汽车展销室。

她说自己很想买一辆白色的福特车，就像她表姐开的那辆一样，但是福特车行的经销商让她过一个小时之后再去，所以她先过这儿来瞧一瞧。

"夫人，欢迎您来看我们的车。"吉拉德微笑着说。

妇女兴奋地告诉他："今天是我55岁的生日，想买一辆白色的福特车送给自己作为生日礼物。"

"夫人，祝您生日快乐！"吉拉德热情地祝贺道。随后，他轻声地向身边的助手交代了几句。

吉拉德领着夫人从一辆辆新车面前慢慢走过，边看边介绍。在来到一辆雪佛莱车前时，他说："夫人，您对白色情有独钟，瞧这辆双门式轿车，也是白色的。"

就在这时，助手走了进来，把一束玫瑰花交给吉拉德。吉拉德把这束漂亮的花送给那位夫人，再次对她的生日表示祝贺。

那位夫人非常感动，激动地说："先生，太感谢您了，已经很久没有人给我送过礼物。刚才那位福特车的推销商看到我开着一辆旧车,一定以为我买不起新车,所以在我提出要看一看车时,他就推辞说需要出去收一笔钱,我只好上您这儿来等他。现在想一想,也不一定非要买福特车不可。"

后来,这位妇女就在吉拉德这儿买了一辆白色的雪佛莱轿车。

诚然,我们不能说那位夫人一定是因为一束玫瑰才决定买吉拉德的汽车的,但至少那束玫瑰使这位夫人感到了温暖与爱心,而温暖与爱心是最能打动人心的东西,这样一笔生意充分体现了吉拉德的待人之道。

每个人在生活中都需要保有良好的人际关系,都希望能与别人相处融洽,互帮互助。因此,一个微笑,一束鲜花,一句问候,一声赞叹,一次帮助,都是向别人表达善意的机会。相反,不懂得为他人着想的人,做事情常常会以失败告终。生意场上这种现象最为明显,即投桃得李,善有善报。

英国能成为世界强国,海运事业的高度发达起到了重要的作用。酒店、咖啡店等地方成了很多闯荡大海的人必到之地。

1960年,劳埃德在英国的泰晤士河边开了一家咖啡馆。很快,这家咖啡馆就成了船老板、商人、船员等聚会的地方,很多信息都在这里交流,这里成了一个"信息集散地"。

出海的人在这里畅谈海外的奇闻轶事,回首航海中的风雨历程,有喜怒哀乐,有悲欢离合。回来的人高兴地庆贺自己一帆风顺，满载而归；悲伤的人哀叹海上遇险，血本无归。劳埃德在一旁听着，心中默默地想：要是能帮这些幸与不幸的人做点儿什么就好了。

一天，劳埃德听到一个海员在喝咖啡的时候说，有一个伦巴第人在搞海运保险。这个海员随随便便的一句话，在劳埃德的心中却掀起了波澜。

劳埃德想：我何不利用现在的条件，与这些老顾客们联手搞一搞海运保险呢？也许这样可以帮到这些经常奔波在大海上的人，让他们有安心的保障，即便出了意外也不会沦落到缺衣少食的地步。

劳埃德把计划告诉一些朋友，很多朋友说，"这生意风险很大"，"大海无情，海浪很容易把一条大船掀翻，你赔得起吗？""这就等于拿着英镑往大海里扔！"

劳埃德有些犹豫，他开始不断地咨询那些从事海上贸易的老板，老板们对此很感兴趣。接着很多船长、船员、货主、商贩等纷纷表示，如果哪个人愿意来搞海运保险，他们都参加。这些人观点明确，在有了保障的前提下，谁都想碰碰运气，即使失败了，也不会血本无归。

有了这些人的支持，劳埃德终于下了决心。保险公司刚开始的时候是不需要很多资金的，只要物色好了机构、办事人员，就可以开张了。不久，劳埃德保险公司就在泰晤士河畔成立了。

第六章 犹太人的包容智慧

不出所料，劳埃德的保险公司生意一下子就火起来了，昔日一个小小咖啡店的老板，最终摇身一变，成了保险业的领军人物。

劳埃德保险公司后来的发展是很迅速的，公司的业务除了海运保险，大到火箭发送、人造地球卫星升天、受到战火威胁的超级油轮，小到电影明星的漂亮面容等都包括在内。劳埃德，成了让英国人引以为傲的世界上最大的保险业巨头！

劳埃德的做法让很多人感动于他的爱心，也佩服他的敏锐眼光。而洛克菲勒爱心的举动更是让我们看到，愿意付出的人也会受到付出的巨大回报。

第二次世界大战后不久，战胜国决定成立一个处理世界事务的联合国。可是联合国设在什么地方，一时间成了一个颇费周折的问题。按理说，联合国的地点应该设在一座繁华的城市，可是，在任何一座繁华的城市建立都必须有大量的土地，买土地要花费大量的资金，然而刚刚起步的联合国总部却无力支付这样一大笔巨款。

正当各国的首脑们踌躇的时候，美国的洛克菲勒家族知道了这个消息，立即拿出870万美元的巨资在世界级的大城市纽约买下了一块土地，无偿捐给了联合国，并且同时买下了这块土地周围的全部土地。

联合国大厦建起来之后，周围的土地价格立即飙升上去。没有人能够计算出洛克菲勒家族经营这片土地到底赚回来多少个

870万美元。而洛克菲勒家族之所以能够收获这些丰厚的回报，一方面是他们本身作为商人精明独到的投资眼光，另一方面也是因为他们播下了一粒爱心的种子，从这颗种子中长出的是财富。

　　洛克菲勒家族的成功告诉我们：行善是为了别人、为了社会，但也是为了自己，好的人品不仅为自己带来好的人脉关系，也会让人在精神和事业上更上一层楼。

亲人胜过所有财富

《塔木德》中说：要以对待上帝一样谦卑的态度去对待你身边的人。

有人将家庭比作避风的港湾，有人将家庭比作温馨的摇篮。这些都说明了一个道理：人人都渴望拥有一个和谐幸福的家庭。

社会上有很多重事业而轻家庭的人。但是，事业与家庭，是维系人的根本支柱，是缺一不可，两者相辅相成、互相促进的。

家庭是人生事业的基础，美满幸福的家庭，会让人的事业如虎添翼；而危机四伏的家庭，不仅事业受阻，也无幸福可言，更无快乐。因此，经营好家庭，是事业成功的重要保障之一。

英国某小镇有一个年轻人，整日沿街为小镇的人卖唱。镇上有一个女人，远离家人，在这儿打工。他们总是在同一个小餐馆用餐，于是频频相遇。时间长了，他们彼此已十分熟悉。

有一日，女人关切地对那个小伙子说："不要沿街卖唱了，去找一个正当的职业吧。你完全可以拿到比你现在高得多的薪水。"

小伙子听后，先是一愣，然后反问道："难道我现在从事的不是正当的职业吗？我喜欢这个职业，它给我，也给其他人带来欢乐。有什么不好？即使再好的工作，可是要让我远渡重洋，抛弃亲人，抛弃家园，生活还有什么意义？"

在这个小伙子眼中，家人团聚，在一起享受温馨，是最大的幸福。

当然，看重家庭绝不是说要放弃事业，因为事业发展不是必须要牺牲家人才能做到的事情。上述案例中那位年轻人喜欢自己的事业——即使是卖唱，他觉得这样既兼顾了家人，又为自己喜欢的事业在奋斗，值得。

家是爱的源泉，温暖的港湾。家人是最重要的部分，有了家人，才称之为一个完整的家，才值得珍视，值得去奋斗，让家更安逸，更和谐。

有一位朝九晚五的上班族，在为工作埋头忙碌了整个冬季之后，终于获得了两个星期的休假。他计划要利用这个机会到一个

第六章 犹太人的包容智慧

风景秀丽的观光胜地去旅游,泡泡音乐厅,交些朋友,喝些好酒,随心所欲地休憩一番。

临行前一天下班回家,他十分兴奋地整理行装,把大小箱子放进车厢。第二天早上出发前,他拨了一个电话给母亲,告诉她自己度假的计划。

母亲说:"你会不会顺路经过我这里?我想看看你,和你聊聊天,我们很久没有团聚了。"

他说:"妈!我也想去看你,可是我时间有点儿赶,同人约好了见面的时间。"

母亲说:"那就算了,你好好地去玩吧,我会惦记着你。"

当他的车正要上高速公路,他忽然记起来,今天是母亲的生日。于是他绕回一段路,停在一个花店门前,打算买些鲜花,叫花店送去给母亲,他知道母亲喜欢花。

店里有个小男孩,正在为一束玫瑰付账。小男孩面有愁容,因为发现自己所带的钱不够,少了10块钱。

他问小男孩:"这些花是做什么用的?"

小男孩说:"送给我妈妈,今天是她的生日。"他听后拿出10元钱为小男孩凑足了买花的钱。

小男孩很高兴地说:"谢谢你,先生,我妈妈会很感激你的慷慨。"

他说:"没关系,今天也是我母亲的生日。"小男孩满脸微笑地抱着花转身走了。

他选好了一束花，付了钱，给花店老板写下了他母亲的地址，然后发动车，继续上路。

他开出一小段路，转过一个小山坡时，看见刚才碰到的那个小男孩，跪在一个墓碑前，把玫瑰花放在碑上。小男孩也看见他，挥手说："先生，我妈妈喜欢我给她的花。谢谢你，先生。"

他把车开回花店，找到老板，问道："我订的花是不是已经送走了？"

老板摇头说："还没有。"

他说："不必麻烦，我要自己送去。"

现实给人们的无奈太多，很多人与父母远隔，很多人心力疲惫，很多人无暇顾及父母的感受。但你可曾想到，自己长了一岁，父母就老了一岁，当位子、妻子、房子、车子、票子一切俱足时，父母是否还有健康的身体？是否还能和你同享这些？

所以，报答父母，就要从现在做起，从自己做起。行孝，不是口头上的理论，它需要怀着一片赤诚的心去采取行动，也许是一句暖心的话，也许是一杯温热的牛奶，你都可以捕捉到父母脸上那一丝欣慰的微笑。

父母养育我们这么大，他们图什么？他们图的只是我们能拥有美好的未来。暖心的行为是我们作为子女应该做的。从现在起，没事的时候，帮父母做些力所能及的小事，父母高兴，自己心安，何乐而不为？

现代社会是一个人人渴望爱的社会，和谐的家庭环境能对一个人未来的发展起着极为重要的作用。一个人不能只顾着赚钱，只顾着自己的事业，还要兼顾自己的家人。而给家人带来爱，在家庭中享受爱，这样的人生才是完整的，这样的生活也才是有情趣、有色彩、有动力、有希望的。因此，我们应该用爱心来营造家庭的和谐氛围，每时每刻提醒自己：爱是生活的最高原则，亲人胜过一切财富。

在南非种族分裂内战时期，许许多多的家族备受战乱之苦，支离破碎，房屋被摧毁，人们被屠杀。

有一个大家庭原来有几十口人，最后只剩下一个老祖母和一个小孙女了。老祖母年事已高，病入膏肓，但当她得知小孙女还在人间时，她便决心要找到她的小孙女，要不然，她睡不着，吃不香。

老祖母历尽千辛万苦，辗转数万里，找遍了非洲大陆，最后一刻，她终于找到了她的小孙女。她激动地、紧紧地和小孙女拥抱在一起，这时老祖母说了一句意味深长的话："到家了！"

在老祖母的心中，她需要爱她的亲人，需要那份特别的真情，而两个相互牵挂的人在一起就是家啊！

家在这里上升为一种信仰，一种支撑老祖母活下去的精神力量。概括地说，家是爱的聚合体。试看天下之家，皆为爱而聚，皆无爱而散。

家是爱的港湾，我们都停泊在这港湾里，不管世界上发生了什么不可抗拒的灾难，不管人生多么艰难，我们都不怕，因为只要有一个温暖的家，人们再困难也觉得有了支柱。

有这样一个故事。一个劫匪被人间的亲情之爱感动得放下屠刀，回心转意。

他是一个劫匪，因杀了人，坐过牢，穷途末路又去抢银行。抢劫中遇到了两个工作人员的拼命反抗，他劫持了其中一个女孩子。警车很快赶来，越来越近。劫匪被警察包围了，警察让他放下枪，不要伤害人质。

他疯狂了："我身上有好几条人命了，怎么着也是个死，无所谓了。"说着，他用刀子在女孩颈上划了一刀。女孩的颈上渗出了血滴。女孩流泪了，知道自己碰上了亡命徒，知道自己生还的可能性不大了。"害怕了？"劫匪问女孩。女孩摇头说："我只是觉得对不起哥哥。""你哥？""是的，"女孩说，"我父母双亡，是我哥把我养大，他为我卖过血，供我上学，他都28岁了，可还没结婚呢，他和你差不多大。"劫匪的刀子从女孩脖子上落了下来，劫匪狠心说："那你可真是够不幸的。"

围着劫匪的警察继续喊话，劫匪无动于衷。劫匪身上不仅有枪，还有雷管，可以把警车引爆，但劫匪忽然想和女孩聊聊天，因为他的身世也同样不幸。他的父母很早离了婚，他也有个妹妹，他妹妹是他供着上了大学，但他不想让妹妹知道他是杀人犯！

第六章 犹太人的包容智慧

女孩向劫匪讲着小时候的事,说自己的哥哥居然会织手套,在她13岁来例假之后曾经去找一个20多岁的女孩子帮她。她一边说一边流眼泪。劫匪看着前方,看着那些喊话的警察,再看着身边讲话的女孩,他忽然感觉这世界是那么美好,但一切已经来不及了。

劫匪拿出手机,递给女孩:"给你哥打个电话吧。"女孩平静地接过来,知道这是和哥哥最后一次通话了,所以,她几乎是笑着说:"哥,在家呢?你先吃吧,我在单位加班,不回去了……"

这样的生离死别竟然被女孩说得如此平常,劫匪想起自己的妹妹也和他说过这样的话。看着这个自己劫持的人,听着她和自己哥哥的对话,劫匪哭了。

"你走吧。"劫匪说。女孩简直不敢相信自己的耳朵。"快走,不要让我后悔,也许我一分钟之后就后悔了!"女孩回头看了劫匪一眼。她永远不知道,是那个电话救了她,那个电话,唤醒了劫匪心中最后仅存的善良,那仅有的一点儿善良。女孩走到安全地带,看到警察将劫匪铐了起来。

事后,很多人问女孩到底说了什么让劫匪居然放了她。女孩平静地说,我只说了几句话,我对我哥说的最后一句话是:"哥,天凉了,你要注意添衣服。"

这是个极端的例子,兄妹之间的爱感动了劫匪,将世界上最难以化解的凶残融化。可见,亲人之爱是多么伟大的力量!

✡ 教育要放在首位

《塔木德》中说:"教育和宗教一样神圣。"

犹太民族是个有着古老文明、传统文化气息很浓的民族。热爱知识、重视教育是犹太人一个非常显著的特点。在犹太人看来,教育永远是最重要的,他们说:"一个人的能力不是天生的,是需要从小教育培养的,对孩子教育的重视,就是在为孩子的未来投入无形的资本。"

刚建国时,还在炮火隆隆声中,以色列的首任教育部长盖尔,叫来了他的秘书艾德勒。

第六章 犹太人的包容智慧

"艾德勒,我们一起来草拟教育法,必须强制要求3~15岁的孩子接受免费教育。"

"免费! ?"艾德勒惊愕不已。要知道,立国之初的以色列尚处在战火之中,战争的经费都很困难,而当时整个教育部只有盖尔和艾德勒两个人,唯一的财产就是一架破打字机。

"是的!免费!"盖尔坚定地回答,"我们处在敌人的包围之中,背靠地中海……我们必须培育高素质的人,只有这样才能对付人数几十倍于我们的敌人。"

盖尔激动起来,他说:"我们要建立一个历史博物馆。让孩子们知道3000年前圣殿被罗马人毁掉的悲剧,让他们知道在二战中犹太人被屠杀的事实,知道那些毒气室、骷髅、鲜血和希特勒。"

当第一次中东战争结束后,盖尔和艾德勒拟出了以色列的义务教育法。

第二年,这部法律在以色列议会全票通过。

犹太人中精英辈出,这除了犹太人自身的努力和勤奋外,与他们早期的家庭教育和熏陶是分不开的。

犹太人常常给孩子讲经典的教育故事:

一位母亲问她的两个孩子:"假如有一天,你的房子被烧毁,你的财产被抢光,你们将带着什么东西逃跑呢?

一个孩子回答说:"钱。"

另一个孩子这样说："钻石。"

母亲继续问："有一种没有形状、没有颜色、没有气味的东西，你们知道是什么吗？"

孩子们左思右想却找不到答案。

母亲笑了，接下去说："孩子，你们要带走的东西不是钱，也不是钻石，而是智慧。智慧是任何人都抢不走的，只要你们还活着，智慧就永远跟随着你们，无论你们到什么地方它都不会丢掉你们。"

犹太人世世代代保留了将书放在床头的习俗，认为将书放在床尾则是对书的大不敬，因此被绝对禁止。犹太人把学习作为人生快乐和幸福的来源，把独立思考作为开启财富大门的金钥匙。

犹太儿童很早就被告知：拥有知识的人拥有一切。在这种文化氛围下，犹太民族非常重视教育和学习。《犹太法典》中记录着一位智者被人问何以成为智者，智者答道："因为直到目前为止，我在油灯方面所花的钱，比食用油还要多。"

犹太人很讲究教育的艺术。他们有句名言：要按照孩子该走的路来充分地训练他。在教育孩子时，犹太教师们认为，如果老师教的课学生不理解，那么，老师不应该大发脾气或对学生们抱怨，而应该反复重复讲，直到学生们完全理解并掌握为止。

西勒尔年轻的时候，有一个愿望，那就是专心致志地研究《犹太教则》。可是，他没有足够的时间，也没有充裕的金钱，他的愿望显得有些遥不可及，因为他实在太穷了。左思右想之后，西勒尔终于发现了一个可以完成心愿的办法：拼命地工作，靠工钱的一半过活，把剩下的钱送给学校的看门人。

"这些钱给你，"西勒尔对看门人说，"不过，请你让我进学校去听课，我很想听听贤人们在说什么。"

在几天之内，西勒尔靠着这种办法听了不少课。可是他的钱实在太少了，到最后他连一片面包也买不起了。这时候，让他感到难受的并不是饥饿，而是看门人坚决地拦住了他，不再让他走进学校一步。

怎么办呢？后来西勒尔终于找到了一个好办法。他沿着学校的墙壁慢慢爬上去，然后躺在天窗边。这时候，他就可以清楚地看见教室里面上课的情形，也可以听到教师讲课的声音。

安息日前夕，天寒地冻，冷风刺骨。第二天，学生们照常到学校去上课，屋外阳光灿烂，可是屋里却漆黑一片。学生们很纳闷，为什么教室那么暗。原来，西勒尔躺在天窗上，身上积了一层白雪，已经被冻得半死。他在天窗上已经躺了整整一夜了。

从此以后，凡是有犹太人以贫穷或者没有时间为借口不去求学，人们就会这样问："你比西勒尔还穷吗？你比他还没有时间吗？"

在犹太人看来，不管一个人到了多大岁数，也不论他是贫穷还是富有，只要他还活着，就都要学习。

犹太人认为，学习使人严谨，严谨使人热情，热情使人洁净，洁净使人克制，克制使人纯洁，纯洁使人神圣，神圣使人谦卑，谦卑使人恐惧罪恶，恐惧罪恶使人圣洁，圣洁使人拥有神圣的灵魂，神圣的灵魂使人永生。因此知识具有崇高的价值。

犹太人孜孜以求地在知识的海洋中遨游，他们爱学习为他们所拥有的智慧发挥了文化滋养的作用。对犹太人来说，学习是一种神圣的使命。犹太人认为学问的追求是没有止境的。犹太人始终秉持着这样的一种观念：肯学习的人比知识丰富的人更伟大。

总之，在犹太民族心中，教育如同宗教一样神圣，是人生命中至关重要的一部分。犹太人认为拥有财富固然重要，但教育是基础，教育使人掌握知识，变得聪慧，进而获取财富。

✡ 在求知上多投资

《塔木德》中说:"学习是最高的善。"

犹太人认为,学习知识的目的是增长智慧。在犹太人眼中,学习的目的不在于培养教师,也不是简单地的"拷贝"教师,而是在于创造一个全新的自己。

犹太人对学习的重视是很令人敬佩的,他们非常重视终身教育,即使是学识渊博受人尊敬的教师,也不会停止学习的步伐,仍然坚持每天读书,以此来充实完善自己,这是非常难能可贵的。

在犹太人的家园里,无论是在街头巷尾,还是在车站或广场,专心致志读书的人随处可见,在每个犹太人的家庭中,书房的设立是必不可少的。

犹太人认为,财富不是最重要的东西,早上腰缠万贯,晚上也许会一贫如洗。金钱可以被带走、被剥夺,唯有知识才是一旦拥有便永不流失的东西。所以,犹太人最大的"护身符"就是知识和智慧。

有个故事发生在一条船上,船客皆是腰缠万贯的大富翁,其中有一名智者。

富翁们聚在一起彼此炫耀财富的多寡。智者见后说道:"我认为我才是最富有的人,不过现在暂时不能向各位展示我的财富。"

航行途中客船遭到海盗抢劫,富翁们所有的财产都被搜刮一空。

海盗离去之后,客船好不容易才抵达某个港口。智者的高深学问立即受到港口人民的赏识,他开始在学校里开班授课。

不久,这位智者遇到先前同船而来的富翁们,他们一个个处境凄惨落魄。这时他们看到智者受人尊敬的样子,一个个明白了当初他所说的"财富",纷纷感慨地说:"您说得对,受过教育的人拥有无尽的财富。"

这个故事告诉我们——知识胜过钱财,知识是人最重要的资产。

在追求金钱、权力和知识之间,人们可以做出不同的选择。

第六章 犹太人的包容智慧

有些人，为了摆阔花上数万元，却不肯为了买一本书花几块钱；有些人几千块钱的手机可以一年一换，但却狠不下心为一个培训班交钱。那么，究竟钱花在摆阔上更有价值呢？还是钱花在知识上更有价值呢？答案显而易见。

美国一个机构曾对10多个城市通过博彩获得巨大财富的人进行过调查。结果发现，在这些突然成为巨富的人之中，10年后，67%的人把获得的财富挥霍光了，回到了原来的生活；12%的人有了钱后逐步过上了富裕的生活；3%的人能够保持他的财富并有所增值；18%的人比成为巨富前生活得更差。

产生上述差别的原因在哪呢？就在于他们自身的知识积累和文化修养。这个调查显示，有知识、有能力才能有财富，没有知识、没有能力，即使获得财富也会失去。

分析众多犹太商人的成功经历，会发现他们大多是先通过不断学习成为某一行业的专家后才发家的。与犹太商人打交道你会发现，犹太商人的知识面很广，眼界很开阔，就连一个犹太钻石商人，很可能会连"太平洋底部有哪些特殊鱼类"这样的问题都能一清二楚。

学识渊博不仅提高了犹太商人的判断力，在商务谈判中还增强了他们的修养和风度，从而容易赢得客户的信赖。而在商业投机、冒险、垄断、创新等方面，犹太商人的成功率也较高，据一些从美国回来的学者说，今天的美国，最注重学习的，把生意做得最好的，还是犹太人。犹太人文化底蕴之深厚，可见一斑。

犹太文化传统历来重视教育，爱护书籍，看重学识，推崇智慧。犹太人常说："把书当作你的朋友，把书架当作你的庭院！你应该为书的美而喜悦，采其果实，摘其花朵。"

书是什么味道？在犹太人家庭中，当小孩稍微懂事时，母亲就会翻开书，滴上一点儿蜂蜜，让小孩去舔书上的蜂蜜。这种仪式的用意不言而喻：书是甜的。

在以色列，书刊价格非常昂贵，每份报纸售价6美元，订一份报纸每月需要100多美元，而普通以色列人对报刊订阅十分慷慨大方，每家每年都要订阅好几份报刊。

据联合国教科文组织1988年的一次调查，在以犹太人为主的以色列，14岁以上的人平均每月读一本书，平均每人的读书量高居世界各国之首。

以色列各村镇大多建有环境高雅、布置到位、藏书丰富的图书馆或阅览室。在这个仅有500多万人口的国家，有各类杂志900多种。热爱学习、崇尚读书的气氛，在犹太民族中蔚然成风。

✡ 让孩子从小学会理财

《塔木德》中说:"人类有三个朋友:小孩、财富、善行。"

犹太人在孩子很小的时候,就会向孩子灌输正确的财富理念。石油大王洛克菲勒就是因为小时候受到良好的财富教育,所以在其后来的人生中,尽管富甲一方,但却十分节俭,同时他以父母的方式教育自己的孩子,让他们正确认识金钱,懂得理财的重要性。

洛克菲勒出生于一个典型的犹太家庭,他的父亲,经常用犹太人的教育方式教育他的几个孩子。在小洛克菲勒四五岁的时候，父亲就让他帮助妈妈提水、拿咖啡杯，然后给他一些零花钱。父母还把各种劳动都标上了价格：比如打扫10平方米的室内卫生可以得到半美分，打扫10平方米的室外卫生可以得到1美分，给父母做早餐得到12个美分。孩子们再大点儿的时候，父母就不给孩子零花钱了，告诉孩子如果想花钱，就自己挣！

于是小洛克菲勒到了父亲的农场帮父亲干活儿，帮父亲挤牛奶，跑运输，包括拿牛奶桶，一笔一笔都算好账。把每一个细小的环节都量化，到了一定的时候就和父亲结算。每到这个时候，父子两个就会对账本上的每一个工作任务开始讨价还价，他们经常会为做了一项细微的工作而算计来算计去。

小洛克菲勒6岁的时候，一天，他看到有一只火鸡在不停地走动，很长时间也没有人来找，于是他捉住了那只火鸡，把它卖给了附近的农民邻居。

还有一次，小洛克菲勒把从父亲那里赚来的50美元贷给了附近的农民。说好利息和归还的日期之后，到了时间小洛克菲勒就准时去讨要，毫不含糊地收回53.75美元的本息，这令当地的农民觉得不可思议：这样一个小孩居然有这么强的商业意识。

洛克菲勒成名之后，他也以这种教育方法对待他的子女。在自己的公司，他拒绝儿女们进入，即使是他的妻子，他也极少让她进入公司，除非有什么急事或者特别的事情。

有一次，洛克菲勒15岁的二女儿玛利亚因为有事情找他，于是去了他的办公室，恰巧他出去办事不在，等他回来了，知道玛利亚进过他的公司，他居然在家里少有地大发雷霆。这就是洛克菲勒式的教育方法，因为他要让他的子女们知道，一切要靠自己的奋斗去获得，而绝不要因为自己有富翁爸爸而让他们有任何依靠。

在洛克菲勒的家里，他搞了一套完整的虚拟的市场经济，洛克菲勒让自己的妻子做"总经理"，而让孩子们做家务，由妻子根据每个孩子家务做的情况，给他们零花钱，洛克菲勒的整个家似乎就是一个公司。

洛克菲勒还让他的孩子们学着记账。他要求他的孩子们在每天睡觉的时候必须记下每一天的每一笔开销，无论是买小汽车还是买铅笔，都要如实地一一记录。洛克菲勒每天晚上都要查看孩子们的记录，无论孩子们买什么，他都要询问为什么要买这些东西，让孩子们做一个合理的解释。

如果孩子们的记录清楚、真实，而且解释得有理由，洛克菲勒觉得很满意，那他就会奖赏孩子们5美分。如果他觉得不满意就警告孩子，如果再这样就从下次的劳动报酬中扣除5美分。

洛克菲勒的这种询问孩子花销，但是绝对不干涉的政策，让孩子们很高兴，他们都争着把自己记录整齐的账本给父亲看。

洛克菲勒经常告诉孩子们，要学会过有节制的生活。洛克菲勒在厨房里摆放了6个杯子，杯壁上写着每个孩子的姓名，杯子里面装的则是孩子们一周用的方块糖。如果哪个孩子过多地贪吃了杯子里的糖，那么等到别人喝咖啡放方块糖的时候，他则只有喝苦咖啡了。

经过这样的几次训练，孩子们都知道了有节制的生活是有好处的，而如果随便消费自己的东西，消费完了等待的就只有苦味了。

洛克菲勒这些早期的有关财富的教育让孩子们很早就知道怎么投资、怎么获得财富、怎么理财，这些为他们日后的成功积攒了重要的经验。

犹太人对孩子的理财教育主要是通过学校、家庭、社会三个途径来进行，要求孩子达到不同的目标：

3岁开始接受经济意识教育，开始辨认钱币。

4岁学会用钱买简单的用品。

5岁弄明白钱是劳动得到的报酬。

6岁能数较大数目的钱，开始形成攒钱意识。

7岁能观看商品价格标签，并与自己的钱比较，确认自己有无购买能力。

8岁懂得在银行开户存钱，并想办法自己挣零花钱。

9岁可制订自己的用钱计划，学会买卖交易。

10岁懂得节约用钱，在必要时购买较贵的商品。

11岁学习评价商业广告，从中发现价廉物美的商品。

12岁懂得珍惜钱，知道钱来之不易。

12岁以后，则完全可以参与成人社会的商业活动和理财、交易等活动。

心理学家认为，金钱对儿童价值观念的形成会产生极大的影响。儿童对钱没有完全了解，他们只是从切身所接触到的事情来理解钱的作用，并使其形成了一些最初的价值观念。所以，如果父母注重对孩子的早期财富教育，那孩子一旦进入社会遇到良好的机会，当别人还在懵懵懂懂的时候，他们就可以捷足先登发家致富了。因此，要想日后成为富有的人，早期对孩子的人生财富观教育是不可缺少的。

那么，父母应该如何培养孩子的财富观呢？

1. 树立孩子正确的财富观，让他们正确地认识金钱

钱币、信用卡、账单……大多数孩子分不清哪个是哪个。当他看到爸爸妈妈用信用卡购买商品时，会觉得信用卡充满了魔力，误以为卡里的钱就好像天上掉下的馅饼，永远也用不完。

学龄前的孩子可能还无法理解信用卡与金钱之间的关系，所以，让孩子认识钱币是第一步。在孩子面前，爸爸妈妈最好多多使用现金消费；数钱的时候，不妨让孩子也参与进来，这样能教会他计算，还能培养他的理财能力。

当然，用现金并不意味着放弃使用方便的信用卡，爸爸妈妈可以在每次收到银行账单时，告诉孩子账单和信用卡究竟是怎么一回事，让他们慢慢懂得这卡片的实际意义。

2. 让孩子当当管家

就像玩过家家一样，小孩子们都喜欢这样的游戏，父母可以把理财当作游戏与孩子一起分享。比如，和孩子一起建立一个记账本，让孩子记录一天之内的开销情况，像今天买书花了10元，买铅笔花了2元，在小账本上记录下来。这样，孩子就有了初步的花费概念。慢慢地，他就会发现自己的零用钱是有限的，他们会重新设计自己的购买计划，逐渐养成对资金使用的预算能力。

3. 带孩子去银行办业务

父母可以带孩子上银行存取钱，并为他们开设一个账户，亲自教他们怎样把钱存入银行。比如，孩子手上有100元，那么父母可以引导孩子留多少自用、存多少、取多久。

父母还可以一开始可以把存期缩短，比如3个月或半年，让孩子在短期内看到存款的数目在增加或减少，这样，孩子会对与这笔钱相关的理财信息十分感兴趣，自觉地学习一些理财方面的知识。

4. 让孩子去结账

父母可带着孩子一起去超市购物，让孩子去结账，不但可以让孩子理解到买与卖的关系，还可以让他体验购物的乐趣，从而知道物有所值的道理。

结账时父母可以从旁给予指导，比如：为什么我们要买面包而不买饮料呢？因为饮料家里有了，暂时不需要买。这样不但可以建立孩子的金钱观，还会让他知道钱怎样使用才得当。

5．学会支配手中零用钱

当孩子开始上幼儿园了，父母可以给孩子一点零用钱，目的不仅是提供零花钱，也是教导孩子学会金钱管理。

父母最常自问的问题应是：该给孩子多少零花钱？这没有标准答案，得视家庭经济状况而定，更重要的是观察孩子的需求和了解他花费的项目。

但是，至少有一样是确定的：给零用钱得一致，每星期固定同一时间、同一金额。还有，检查孩子所花的钱，让孩子记好消费的每一笔钱。